KB263542

국내외 마이크로바이옴(Microbiome) 관련 산업분석보고서 2023개정판

저자 비피기술거래 비피제이기술거래

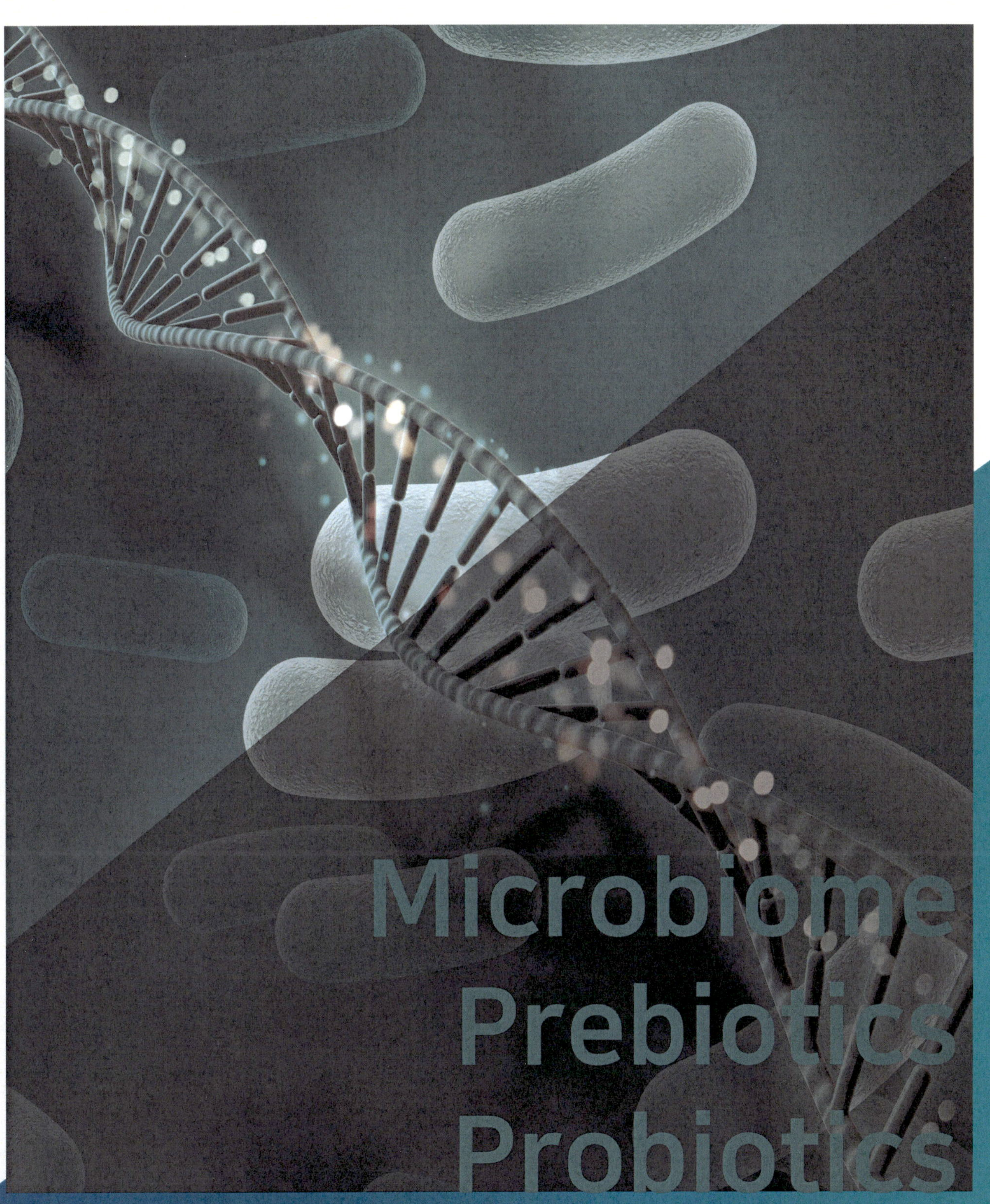

㈜ 비티타임즈

서론

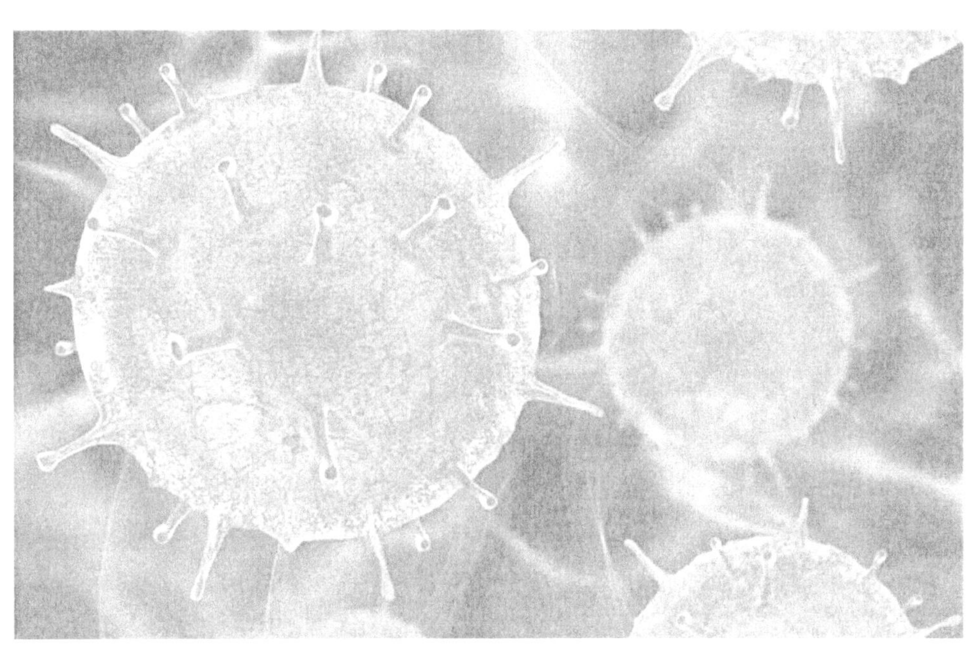

1. 서론

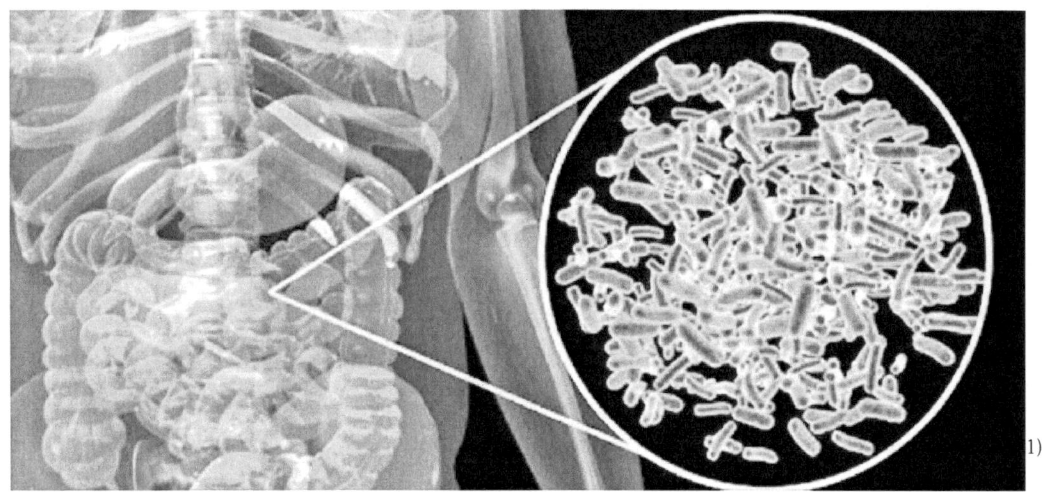

[그림 2] 마이크로바이옴

 최근 TV 광고부터 홈쇼핑까지 우리는 다양한 매체를 통해 '마이크로바이옴'을 접하고 있다. 이에, 많은 사람들은 마이크로바이옴이라는 용어에 대해 친숙함을 느끼고 있지만 마이크로바이옴에 대한 깊은 이해를 가지고 있는 사람들은 드물다.

 마이크로바이옴은 미생물을 의미하는 '마이크로(Microbe)'와 생태계를 의미하는 '바이옴(Biome)'을 합친 용어로, 인체에 사는 바이러스, 곰팡이 등의 미생물과 이들 미생물의 유전 정보를 뜻한다. 마이크로바이옴의 활용은 식음료, 치료제, 진단, 화장품, 농업, 수의학까지 산업 전반에 걸쳐서 광범위하게 응용되고 있다.

 우리는 대부분 마이크로바이옴이라는 용어를 프로바이오틱스, 프리바이오틱스와 함께 접했을 것이다. 마이크로바이옴의 시장 내 주요 기술에는 프로바이오틱스, 프리바이오틱스, 표적 항균제가 있다. 프로바이오틱스는 앞서 설명한 것과 같이 유익균을 의미하며, 프리바이오틱스는 프로바이오틱스의 영양분으로서 장내 환경 개선에 도움을 준다. 표적 항균제는 항미생물제라고도 하며, 이는 미생물의 성장과 생존을 억제할 수 있는 천연·합성 화합물이다.

 기존, 장내 마이크로바이옴이 주로 연구되었다면 기술의 발전으로 인해 피부, 구강 마이크로바이옴까지 연구되고 있으며 향후 마이크로바이옴 시장은 높은 성장률을 보이며 다양한 산업 분야에서 큰 성장을 보일 것으로 전망된다.

 본 보고서에서는 마이크로바이옴의 개념부터 유전체 분석, 시장동향, 기술동향을 통해 마이크로바이옴의 유행에 대비해보고자 한다.

---

1) [강신종 쌤의 '재미있는 과학이야기' (32)] 마이크로바이옴, 한국경제, 2018.10.22

마이크로바이옴 개요

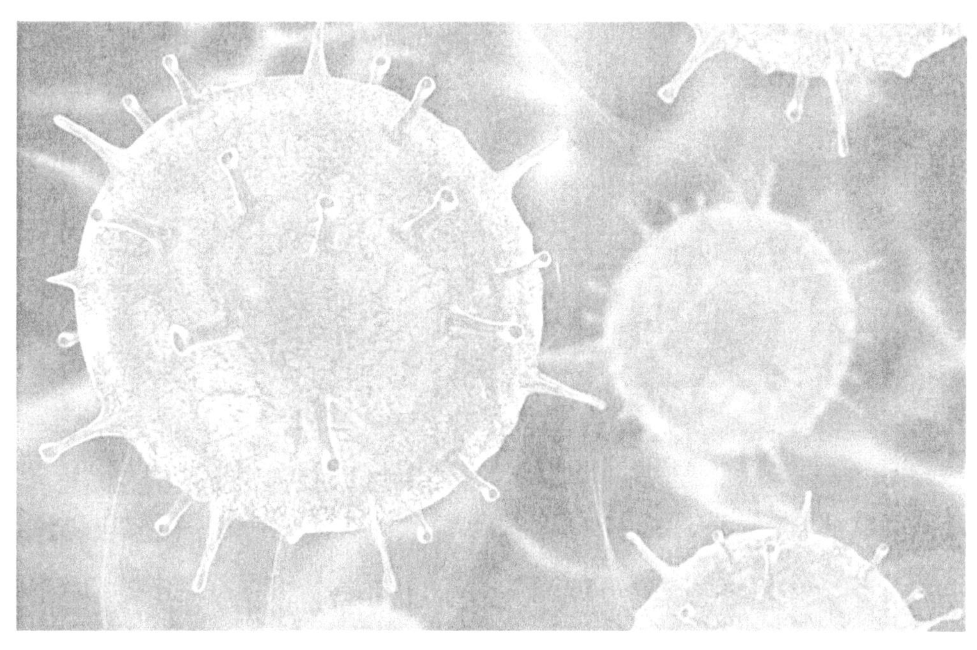

2. 마이크로바이옴 개요
가. 마이크로바이옴 등장 배경[2]

　마이크로바이옴이 활발히 연구되는 중요한 배경에는 기술적인 발전이 있다. 과거에는 30억 쌍 인간 유전자를 분석하는 데 15년 동안 30억 달러가 들었다. 그러나 차세대 염기서열 분석기술(Next Generation Sequencing: NGS)[3]이 꾸준히 발달하여 하루 동안 1,000달러로 분석이 가능해졌으며, 이제 100달러로 분석 가능한 시대를 코앞에 두고 있다.

　유전체 분석 기술의 비약적인 발전은 인간 게놈보다 수백 배 이상의 유전자를 가진 마이크로바이옴 분석을 초고속으로 진행하도록 힘껏 도와주고 있다. 게다가 발전한 오믹스[4] 기술도 결합하면서 마이크로바이옴 각각의 특성과 생태계 내 작동기전 분석까지 가능해졌다. 마이크로바이옴에 대한 새로운 기능 및 작용에 대한 정보가 축적되면서 식품과 제약 기업에 새로운 제품개발에도 큰 영향을 주고 있다.

　이와 같이 인체에 중요한 역할을 수행하는 마이크로바이옴은 소화기, 호흡기, 구강, 피부, 생식기 등 모든 신체 부위에 다양한 종류와 구성으로 존재한다. 무엇보다 마이크로바이옴이 그동안 풀지 못했던 암을 포함한 많은 질병을 예방하고 치료할 수 있다는 기대감에 따라 마이크로바이옴은 단기간에 학계뿐만 아니라 산업계의 관심을 받기에 충분했다.

---

2) 마이크로바이옴이 몰고 올 혁명, 삼정 KPMG, 2020.01
3) 차세대 염기서열 분석법(NGS): 대량으로 한꺼번에 유전체의 염기 서열 정보를 얻는 방법(Massive parallel sequencing)으로 하나의 유전체를 작게 잘라 많은 조각으로 만든 뒤, 각 조각의 염기 서열을 읽은 데이터를 생성하여 이를 해독하는 것
4) 오믹스(Omics): 전체를 뜻하는 말인 옴(~ome)과 학문을 뜻하는 익스(~ics)가 결합한 합성어. 생물학을 총체적으로 이해하고 유전자, 전사물, 단백질, 대산물 등 각 부분들의 관련성으로부터 새로운 지식을 대량으로 창출하는 새로운 연구 방법론

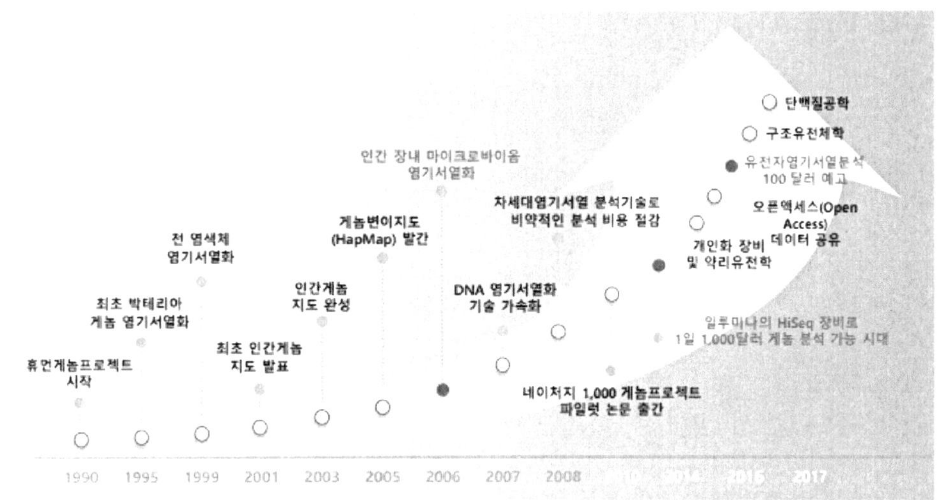

[그림 4] 마이크로바이옴 유전자 분석 기술의 발달(1990~2017)

특히 장내 마이크로바이옴의 불균형(Dysbiosis)은 여러가지 질병에 대한 위험성 증가와 관계가 높다. 장내 세균 불균형은 비이상적인 면역반응 및 대사반응을 발생한다. 관련 논문에 따르면 인간 질병의 90% 이상이 장내마이크로바이옴과 연관이 있다고 한다. 수많은 연구에 의해서 이 불균형이 염증성 장질환, 과민성장증후군 같은 소화기 질환뿐만 아니라 비만, 당뇨병, 파킨슨병, 자폐증 등 다양한 질병의 위험성을 높이는 것으로 밝혀 지면서 더욱더 장내 마이크로바이옴은 연구 주제로 주목을 받고 있다.

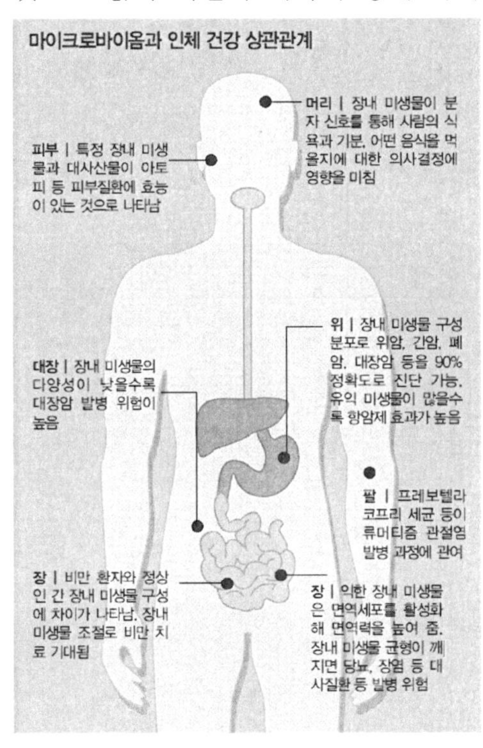

그림 5 마이크로바이옴과 인체 건강
상관관계

나. 마이크로바이옴의 개념[5]

사전적으로 마이크로바이옴(Microbiome)은 '미생물(Microbe)과 생태계(Biome)의 합성어'이다. 마이크로바이옴이라는 용어는 노벨 생리의학상 수상자인 컬럼비아대학의 레더버그(Lederberg) 교수와 하버드의대의 맥크레이(McCray) 교수의 2001년 사이언스지 기고를 통해 최초로 정의되었다. 논문에서는 "마이크로바이옴은 인체에 존재하며 우리 몸을 함께 공유하며 살고 있지만, 그동안 건강이나 질병의 원인으로 거의 간과되어 온 상재균·공생균·병원균[6]등 모든 미생물들의 총합"이라고 정의한다. 현재 마이크로바이옴은 광의적으로 인간뿐만 아니라 동물과 식물의 세균, 바이러스, 곰팡이 등 미생물을 포괄하는 용어로 사용하고 있다.

2015년 구글 벤처스의 설립자인 빌 마리스는 "마이크로바이옴은 헬스케어의 가장 큰 게임체인저(game-changer)가 될 것이다"고 강조했다. 또한 2018년 JP모건 헬스케어 컨퍼런스에서 마이크로소프트 창립자인 빌 게이츠는 "세계를 바꾸게 될 세 가지는 마이크로바이옴, 치매 치료제 그리고 면역항암제"라고 말했다. 많은 글로벌 기업은 이미 마이크로바이옴을 10년 후 먹거리로 보고 있다.

2019년 바이오 인터네셔널 컨벤션(바이오USA)에서도 이런 니즈가 반영되 별도 세션이 열렸다. 마이크로바이옴은 바이오산업 중 얼마 남지 않은 미개척 분야로 식습관의 작은 일상부터 신수종 사업 개발, 인류 건강 증진 등 사회·경제에 혁신적 기여가 기대되는 분야로 잠재력이 무궁무진한 분야이다. 물리적으로 마이크로바이옴은 인간 체중의 1~3%를 차지한다. 마이크로바이옴의 유전자 수로는 인간 유전자의 수백 배로 존재하며 다음과 같은 매우 중요한 역할을 수행한다.

역할	설명
영양분 흡수	마이크로바이옴의 종류와 구성에 따라 같은 영양분도 사람에 따라 흡수 양상이 다르다.
약물대사조절	인체 내에 들어온 약물이나 발암 물질로부터 보호하는 기능을 수행한다.
면역작용 조절	인체의 면역체계와 상호작용을 하면서 외부의 병원성 미생물로부터 인체를 보호한다.
발달 조절	마이크로바이옴에서 생성된 물질이 뇌 발달 및 신경에 영향을 주어 인간 행동까지도 영향을 준다.

[표 1] 마이크로바이옴의 역할

---

5) 마이크로바이옴이 몰고 올 혁명, 삼정 KPMG, 2020.01
6) 상재균은 숙주에 정상적으로 존재하는 세균, 공생균은 숙주에 질병을 유발하지 않고 함께하는 미생물, 병원균은 동식물에 기생해서 병을 일으키는 능력을 가진 세균

특히 마이크로바이옴이 의미가 있는 것은 기존에 개별적인 미생물 분석연구에서 확장하여 기주 생물과 미생물 간의 상호작용을 유전체학에 기반하여 연구하기 때문이다. 이를 통해 인간 마이크로바이옴의 경우 95%가 장 등의 소화기관에 존재함을 밝히면서 장내 마이크로바이옴은 인간에게 주는 영향과 미생물 군집의 복잡성을 이해하는 핵심으로 부상했다. 이로 인해 장내 마이크로바이옴은 '제 2의 장기'라는 별명과 함께 건강한 장내 미생물이 곧 건강한 신체라는 인식을 만들며 새로운 소비 트렌드로 부상했다.

다. 휴먼 마이크로바이옴

휴먼 마이크로바이옴, 즉 인체 마이크로바이옴은 영양소의 흡수·대사, 면역계·신경계의 성숙 및 발달, 다양한 질환의 발생과 예방에 영향을 미치는 등 인체에서 주요 기능을 담당하고 있다. 휴먼 마이크로바이옴은 체중의 1~3%를 차지하며 중요한 면역·약물반응 조절 등 인체 대사에 큰 영향을 주어 '가상의 장기(virtual organ)'라 불린다.

1) 장내 마이크로바이옴[7]

장내 마이크로바이옴은 휴먼 마이크로바이옴 분야에서도 가장 많은 연구가 이루어지고 있는 분야다. 인간의 장 유형이 3가지로 구분된다는 보고가 나오면서 장내 마이크로바이옴을 조절하여 건강증진과 질병치료에 적용해 보자는 연구들이 진행되고 있다.

인간의 3가지 장유형에 대해 살펴보면 다음과 같으며, 이는 식습관과 관련성이 매우 높다.

① 박테로이스(Bacteroides) 타입
식이섬유를 많이 섭취하지 않고 고지방식을 하는 사람들에게서 주로 나타나는 타입으로 탄수화물 소화효소를 잘 만들 수 있어 탄수화물 소화를 잘 시키며, 비타민 B7(biotin)을 생산하여 피부병이나 우울증을 예방한다.

② 프리보텔라(Prevotella) 타입
식이섬유를 많이 섭취하고 지방을 적게 먹는 사람들, 채식주의자들에게서 많이 나타나며, 비타민 B1(thiamine)을 생산하여 각기병을 예방하고 뮤신을 생산하여 장내 점액을 분해한다.

③ 루미노코크스(Ruminococcus) 타입
고지방식이를 하는 사람에게서 많이 나타나며, 이 타입의 경우 당분(glucose) 흡수가 잘 이루어져 비만이 되기 쉽다.

이처럼 장내마이크로바이옴은 인간이 분해할 수 없는 영양소의 분해를 도와 소화되어 흡수할 수 있도록 도와주는 역할을 하고 있으며, 물질대사나 면역체계에도 관련되어 있는 것으로 보고되고 있다. 또한 인체 내에서 소화계, 심혈관계, 면역계, 심지에 뇌질환까지도 연계되어 있다는 보고들이 나오면서 장내마이크로바이옴과 인간의 건강과의 밀접한 관계에 대해 관심도가 높아지고 있다.

---

7) 장내미생물의 재발견 :마이크로바이옴, 생명공학정책연구센터, 2019.10

가) 장내 마이크로바이옴 분석[8]

장내 마이크로바이옴 연구를 위해서는 미생물을 분리, 배양하지 않고, 대변과 같은 인체 시료에서 직접 DNA를 추출한다. 추출한 DNA 시료에는 모든 미생물의 DNA가 혼합되어 있는데, 이를 NGS 실험법으로 염기서열을 확인하여 유전자 수준에서 직접 전체 유전자를 분석한다. 이러한 접근법을 통해 시료 내에 존재하는 전체 미생물 군집을 파악할 수 있으며, 공생 미생물들이 군집 내에서 어떤 대사과정과 기능에 관여하는지를 밝힐 수 있다.

미생물 군집분석을 통해 어떤 미생물이 존재하는지를 알고 싶을 때는 종 동정을 위한 표지 유전자(marker gene)만을 선택적으로 증폭한 후 그 증폭산물의 염기서열을 분석하는 앰플리콘 시퀀싱(amplicon sequencing) 방법을 사용함으로써 분석에 필요한 비용과 시간을 줄일 수 있다. 이 중에서 세균의 군집분석을 하기 위해서는 16S rRNA 유전자를 표지 유전자로 사용하는데, 이 유전자는 모든 세균에 존재하며 보존영역과 변이영역(v1-v9)을 적절히 포함하고 있어 계통 분석과 생태 연구에 적합하다. NGS 기법을 활용한 미생물 군집 연구에서, 어떤 시퀀싱 장비를 사용할 것인지에 따라, 실험 과정 중에 활용하는 프라이머(primer)가 달라진다.

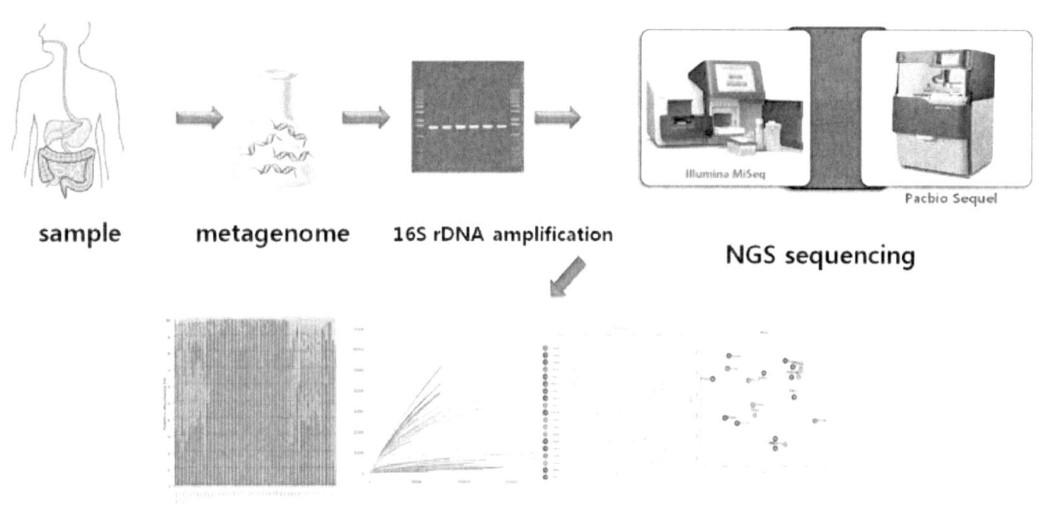

[그림 6] NGS 시퀀싱을 활용한 장내 마이크로바이옴 분석과정 모식도

기존 NGS 장비보다 매우 긴 염기서열을 해독할 수 있는 Pacific Bioscience사의 장비가 다양하게 활용되고 있는데, 16S rRNA 유전자의 일부가 아닌 전체 영역을 해독할 수 있게 되어 미생물 군집 조성의 해상도를 이전 기술들 보다 높일 수 있게 되었

---

8) 마이크로바이옴 연구 시작하기:연구 현황 및 방법, 김병용, 천랩, 한국간재단

다. 최근에는 Oxford Nanopore사의 MinION 장비나 Illumina iSeq과 같은 초소형 NGS 장비들이 출시되어 일반 연구자들의 NGS 활용이 한층 더 편리해졌다.

나) 장내 마이크로바이옴과 인체 질병과의 연관성[9]

마이크로바이옴은 인체 내에서 여러 부위에 존재하나, 이 중 가장 많고 다양한 종류의 미생물을 보유하고 있는 곳은 위장관이다. 위장관 내에 존재하는 미생물의 무게는 대략 0.5~1.5 kg에 이르는 것으로 알려져 있으며, 대략 500~1,000종의 세균이 서식하고 있다. 인간의 장내 미생물은 태어날 때부터 유전, 식습관, 생활 습관 등에 따라 개인별로 다양한 군집 구조를 갖는다. 16S rRNA 유전자 분석에 기반한 NGS 분석을 통해 장내 미생물 군집구조를 살펴보면, 장내에는 다양한 박테리아 문(phylum)이 존재하며 가장 많은 것은 Firmicutes, Bacteroidetes, Actinobacteria, Proteobacteria 등이다. 이들 주요 문(phylum)들은 위장관 부위마다 다른 조성과 농도로 분포한다. 위 내용물은 1g당 10^3~10^4 정도로 가장 적게 존재하는 반면, 대장에서는 1g당 10^{11}정도로 가장 많은 미생물이 존재한다.

장내에 존재하는 마이크로바이옴은 인간유전자의 150배 이상의 많은 유전자를 보유하고 있으며, 인체가 만들 수 없는 광범위한 효소들을 생산한다. 이러한 사실은 장내 미생물이 인체가 분해할 수 없는 영양소를 흡수 할 수 있도록 도와주는 것을 의미한다. 특히 식물성 다당류나 섬유소의 대부분은 소장에서 흡수되지 않고 대장까지 그대로 전달되어 대장에 서식하는 미생물들에 의해서 분해된다.

장내미생물은 복잡한 탄수화물이나 섬유소의 분해, 흡수뿐만 아니라, 장내에서 acetate, propionate, butyrate와 같은 짧은사슬지방산(SCFA)도 생산한다. 이 대사물들은 면역 시스템 조절, 비타민 생성, 병원균으로부터 장 점막 보호 등 매우 중요한 역할을 한다. 인체가 섭취한 약물의 대사과정에도 장내미생물은 중요한 역할을 한다. 다양한 대사작용과 효소작용을 바탕으로 체내에 유입된 약물이나 독성물질을 분해하거나 변형시킨다. 장내미생물에 의한 탈수산화, 탈카르복실화, 탈알킬화 그리고 탈아미노화 반응과 같은 대사작용 등이 논문을 통해 보고된 바 있고, 옥실산(oxalate)의 대사에 영향을 끼치거나, 지방대사 과정에서 사용되는 답즙산의 생성과정에도 관여하는 것으로 확인되었다. 이러한 영향은 항암제나 심혈관제와 같은 많은 약물의 대사작용이 장내미생물에 의해서 활성화 또는 불활성화 될 수 있음을 제시한다. 즉, 같은 약물이라도 장내미생물 차이에 의해 환자들 간에 서로 다른 반응을 일으킬 수 있고, 복용량도 달라질 수 있다.

장내 마이크로바이옴은 사람마다 조성이 다르지만, 한 개인에서는 장내미생물의 분

---

9) 마이크로바이옴 연구 시작하기:연구 현황 및 방법, 김병용, 천랩, 한국간재단

포가 균형을 이루며 안정적인 군집을 유지하고 있다. 정상적인 마이크로바이옴은 장내 점막 면역계의 발달과 성숙에 필수 요소로서, 특정 미생물군은 면역 세포의 분화와 활성화를 유도하여, 면역관용과 면역자극간의 균형을 조절한다. 항체나 면역세포가 미생물의 기능과 개체 수를 조절하기도 하며, 반대로 장내미생물이 비장이나 흉선과 같은 림프계의 발달에 중요한 역할을 하여 면역세포의 기능에도 영향을 준다. 실제로 신생아 시기에 장내에 마이크로바이옴이 제대로 조성되지 않으면 면역관용이 형성되지 않아 알레르기질환이 발생할 가능성이 높다는 것이 널리 알려져 있다. 만약, 항생제 복용과 같이 외부요인에 의해 장내 마이크로바이옴의 균형이 파괴되면 장내 방어벽 기능이 약해지고, 장관 점막이 손상된다.

결국, 장관 내에 존재하던 병원균과 독소, 항원 등이 혈류로 유입되어 면역체계를 자극함으로써, 감염성 질환이나 자가면역질환 등을 초래한다.

장내 마이크로바이옴은 또한 비반, 심혈관 질환, 제2형 당뇨와도 깊은 관련성을 가지고 있는데, 실제로 장내미생물 군집조성은 숙주의 체중이 변함에 따라 달라진다. 비만쥐는 정상쥐에 비해 Bacteroidetes의 비율이 적고 Firmicutes는 높은 비율로 존재한다. 정상쥐에게 고지방식 식이를 통해 비만을 유도하면 장내유형도 비만형으로 변화하며, 무균의 쥐에 비만쥐의 장내 마이크로바이옴을 이식하면 체내 지방이 증가한다. 이와 유사한 변화가 사람의 장내미생물에서도 관찰되었으며, 식이 요법을 통해 체중이 감소했을 때 Bacteroidetes가 증가하는 경향을 보였다.

2) 피부 마이크로바이옴[10][11]

피부 마이크로바이옴은 인체와 환경의 상호작용에서 핵심적 역할을 담당하고 있는 피부에 존재하는 미생물과 그 유전정보 전체를 뜻한다. 과거 피부 마이크로바이옴은 상대적으로 장 마이크로바이옴보다 연구나 상용화에 있어서 제약이 많은 분야였다.

분변이 장내 미생물총을 통합하는 샘플의 역할을 해온 반면 피부의 경우 위치에 따라 미생물총이 달라져 피부 미생물총을 통합하는 샘플이 존재하지 않는다. 또한 피부 표면에서 미생물이 차지하는 비중이 매우 적어 분석을 위한 미생물 DNA를 수집하기 어려웠다. 하지만 최근 미생물을 배양할 필요 없이 유전자 수준에서 그대로 분석하는 메타지노믹스(metagenomics) 분석이 도입되면서 적은 양의 미생물 샘플도 분석이 가능해졌다.

최신 유전체 분석기술을 바탕으로 한 마이크로바이옴 연구가 활성화되면서 인체 피부의 정상적 기능과 건강, 질병 발생에 있어서 피부 마이크로바이옴의 역할이 밝혀지고 있다. 피부 미생물은 인체의 면역체계를 교육하고 염증반응에 중요한 역할을 담당하며 병원균을 방어한다. 실제로 인체 피부는 미생물의 상호작용이 일어나는 가장 큰 면적의 상피조직으로 미생물총을 보호하는 놀라운 능력을 진화시켰다. 따라서 피부 마이크로바이옴 연구를 통해 피부의 건강과 질병에 대한 이해에 혁신적 변화가 일어나고 있다.

그동안 미생물이 감염(infection)을 일으키는 병원균(pathogen)으로만 인식되었다면 이제는 그 역할의 범위가 확장되어 피부 건강과 질병의 기작에 있어서 핵심 요소로 여겨지기 시작했다. 우선 피부 질환을 감염이 아닌 세균총 불균형(dysbiosis)으로 보는 인식의 전환이 일어났다. 기존에는 피부질환을 1) 없어야 할 미생물(유해균)이 존재하는 문제로만 보았다면 마이크로바이옴 관점을 통해 2) 있어야 할 미생물(유익균)이 부재(不在)하는 문제나 더 나아가 3) 미생물 간의 불균형(특정 미생물을 유해균이나 유익균으로 규정하기보다는 미생물 간의 적정 비율 혹은 적정 상호작용 즉 균형 상태를 가정하는 것)의 문제로 보게 되었다.

이에 따라 건강한 피부를 위한 피부 관리나 피부 질환의 예방과 치료에 대한 접근방법도 변하고 있다. 기존에는 소독 혹은 살균이 피부 질환 예방과 치료에 있어서 긍정적으로만 여겨졌다면 마이크로바이옴 관점을 통해 유익균의 사멸이나 미생물 간의 불균형 초래 등 부작용이나 위험성의 문제가 대두되고 있다. 관련하여 화장품과 같은 피부 관리 제품들도 피부 미생물의 균형에 대한 영향이 중요한 고려사항으로 인식되

---

10) 피부 마이크로바이옴 기반 화장품 및 치료제 산업 동향, 한국바이오협회, 2020.11
11) 한국의과학연구원

기 시작했다. 무엇보다 마이크로바이옴 관점을 통해 유용 미생물을 증대시키거나 인위적으로 추가(섭취 혹은 도포)하는 접근방법이 피부 관리 및 치료제의 제품 및 서비스로 빠르게 확산되고 있다.

 특정 신체 부위에 서식하는 미생물 군집의 특징은 개인의 생애 동안의 피부 건강과 질병의 균형에 대한 정보를 제공한다. 피부 미생물 군집에 대한 연구는 그것이 건강한 피부에서 역할을 한다는 것을 보여준다. 건강한 피부에는 손상되지 않은 피부 장벽과 균형 잡힌 미생물이 있으며, 이는 일반적으로 높은 수준의 미생물 군집의 다양성을 의미한다. 그러나 아토피성 피부염이나 건조하고 가려운 피부의 경우에는 피부 장벽이 약하고 변형되어 있으며 미생물의 균형이 깨져있는 경우가 많다. 피부 부위마다 각각 자생하는 미생물이 다르기 때문에 피부 항상성이 깨질 경우, 부위마다 발생하는 질환에 특이성을 보인다. 지방질이 많은 피부에는 여드름, 습한 피부에는 아토피성 피부염, 건조한 피부에는 건선이 대표적으로 나타난다.

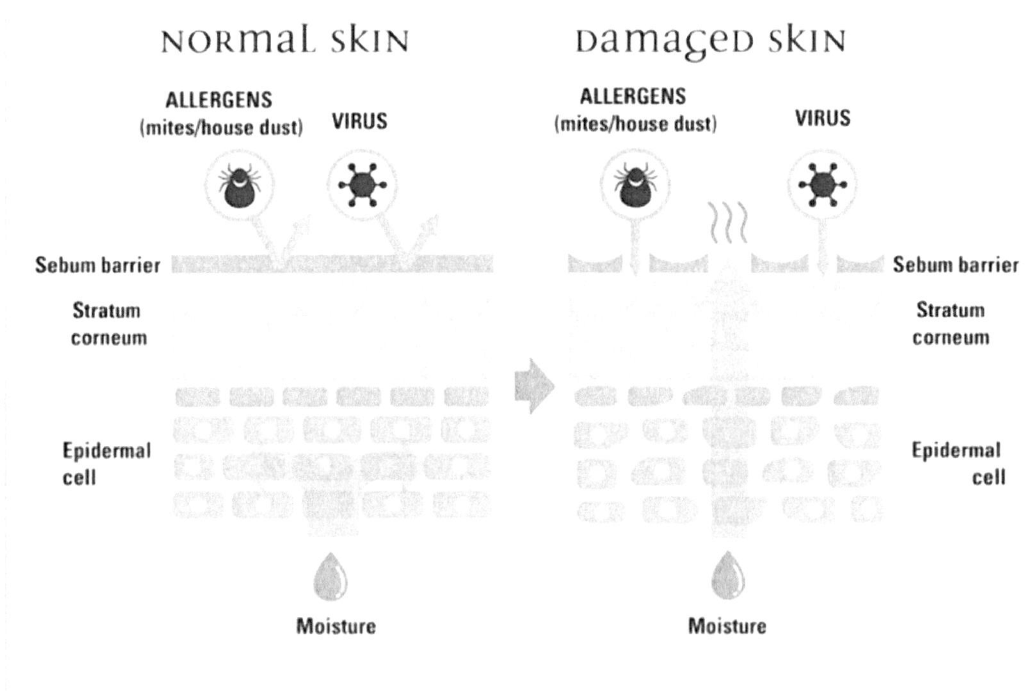

그림 7 피부마이크로바이옴과 피부 질환

 피부 장벽은 피부 표면의 가장 바깥층이며 세포, 지질 및 수분으로 구성되어 있다. 피부 장벽의 필수 특성(지질, 물 및 전해질)이 피부 표면에서 증발하지 않도록 유지되어야 한다. 또한 항균성 펩타이드와 단백질을 생성하여 유해한 미생물에 대한 보호막 역할을 해야 한다. 무엇보다도 피부 장벽의 무결성과 기능은 피부의 면역력을 유지하고 표피 염증을 조절하는데 도움이 된다. 따라서 피부 장벽과 마이크로바이옴을 모두 고려하는 것이 중요하다. 마이크로바이옴의 변화는 피부의 장벽 완전성의 붕괴와 관련될 수 있으며, 이는 피부 민감성 및 심지어 질병의 가시적인 징후를 야기할 수 있다. 피부 장벽과 마이크로바이옴 사이에 균형이 잘 맞아야 하며, 이들 사이의 균형이 깨지면 피부 장애 및 감염을 초래할 수 있기 때문이다. 피부에 필수 성분을 공급하고 피부 마이크로바이옴에 대한 부정적인 환경 영향을 피함으로써 피부 장벽 완전성을 복원 및 유지할 수 있다.

피부 마이크로바이옴 상용화 제품이나 치료제 파이프라인의 접근방법은 크게 ①미생물의 유익한 영향을 증대시키느냐, ②유해한 영향을 억제하느냐, ③미생물총의 균형을 해치지 않느냐(microbiome-safe)로 나눌 수 있다.

미생물의 유익한 영향을 증대시키는 접근방법에는 유익한 미생물의 성장 및 활성을 강화할 수 있는 섬유소 같은 식품 내 비소화성(non-digestible) 조합물을 사용하는 프리바이오틱스(prebiotics)와 유익한 미생물 자체를 사용하는 프로바이오틱스(probiotics), 인체에 유익한 작용을 하는 미생물의 구성물질이나 대사물질(metabolite)을 사용하는 포스트바이오틱스(postbiotics)가 있다.

미생물의 유해한 영향을 억제하는 접근방법에는 유해한 미생물을 억제하는 저분자화합물이나 미생물 유래 항균물질을 사용하거나 유해한 미생물을 제거하는 박테리오파지를 이용하는 방법이 있다.

또한 피부 문제를 피부 미생물총의 불균형(dysbiosis)으로 보는 인식의 확산에 따라 피부 미생물총의 건강한 균형 상태를 해치지 않는 즉, 미생물총 무영향(microbiome-safe) 스킨케어 제품 및 세정제가 개발되고 있다.

3) 구강 마이크로바이옴[12)]
가) 구강 마이크로바이옴 분석 기술

마이크로바이옴 연구는 배양이 불가능한 미생물까지 분석이 가능한 NGS 기술을 이용하며, 특정 환경에 존재하는 모든 미생물군의 유전체를 분석하는 메타지노믹스 방법론이 주를 이루고 있다. 메타지놈 분석에 주로 사용되는 방법은 앰플리콘 염기서열 분석법(amplicon sequencing)과 샷건 염기서열분석법(shotgun sequencing)이 있다. 전자는 특정 환경에 존재하는 미생물의 종류와 개체수에 대한 정보를 가장 빠르고 저렴하게 얻을 수 있는 방법이라면, 후자는 이들의 기능까지 분석해 이들이 속한 환경이나 숙주와 어떤 상호작용을 하는지 밝혀낼 수 있는 방법이다.

RNA 서열분석은 전사체(transcriptome)에 대한 정보를 얻게 해주며, 메타지노믹스 분석에 적용해 미생물군의 메타전사체(metatranscriptome)를 분석할 수 있고, 미생물의 기능에 더해 현재의 상호작용 상태를 알 수 있게 해준다. 최근에는 메타전사체 분석에서 한 걸음 더 나아가 미생물군의 단백질을 분석하는 메타프로티오믹스(metaproteomics)와 대사산물을 분석하는 메타대사체(metabolomics) 연구도 활발히 진행되고 있다. 이상의 분석법들은 각자 장단점이 있으며, 실험의 목적과 가용한 방법에 따라 선택해서 적용하면 된다.

박테리아의 앰플리콘 염기서열분석은 16S rRNA에서 종이나 속의 차이를 주는 고변이부위(hypervariable region, V1-V9)중 V1-V2, V3-V4 또는 V4만 증폭 시켜 비교하는데, 최소 97%정도 일치하는 염기서열군을 하나로 묶은 조작분류단위(OTU)를 기준으로 종이나 속의 다양성과 빈도수를 구분한다. 곰팡이나 효모와 같은 진균류(mycobiome)는 주로 ITS 부위를 이용해 분류한다. OTU 분석용 프로그램은 QIIME ('차임'으로 발음), Mother, DADA2, Deblur, PICRUSt, Tax4Fun, phyloseq (R 패키지), microbiome (R 패키지) 등이 많이 쓰이고 있다.

앰플리콘 염기서열분석은 16S rRNA만으로는 적절한 분류학적 해상도(taxonomic resolution)를 확보하지 못하는 경우도 있기 때문에 rpoB와 같은 상재유전자(housekeeping gene)를 이용하는 방법도 제시되고 있다. 그러나 rpoB 자체도 명확한 한계가 있어 16S rRNA와 함께 분석하거나, 다양한 일상유전자를 분석하는 방법이 제시되기도 한다. 그럼에도 불구하고 현재까지는 16S rRNA를 이용하는 방법이 표준으로 자리 잡고 있는데, 데이터의 축적에 따른 정보 요구 수준이나 분석 기술의 발달과 비용의 변화에 따라 향후 충분히 다른 방식으로 바뀔 수 있다.

	Amplicon seq	Shotgun seq	RNA seq
대상	• 박테리아: 16S rRNA • 곰팡이: ITS1, ITS2, 18S rRNA, CO1 등	• 유전체(whole genome)	• Messenger RNA (transcriptome)
방법	• DNA 추출 → PCR amplification → sequencing → OTU 분석	• DNA 추출 → DNA fragmentation → sequencing → assembly, 유전자 판독 → 유전자 비교 분석	• mRNA library → shotgun sequencing
장점	• 저비용 • 정량 분석	• 높은 해상도 • 상호작용(기능) 분석 가능	• 상호작용(기능)과 현재 상태 분석 가능
단점	• 기능 분석 불가 • 낮은 해상도	• Assembly 오류 • 정량 분석 불가	• 분석 난이도

[그림 8] 메타지노믹스 분석 방법 비교

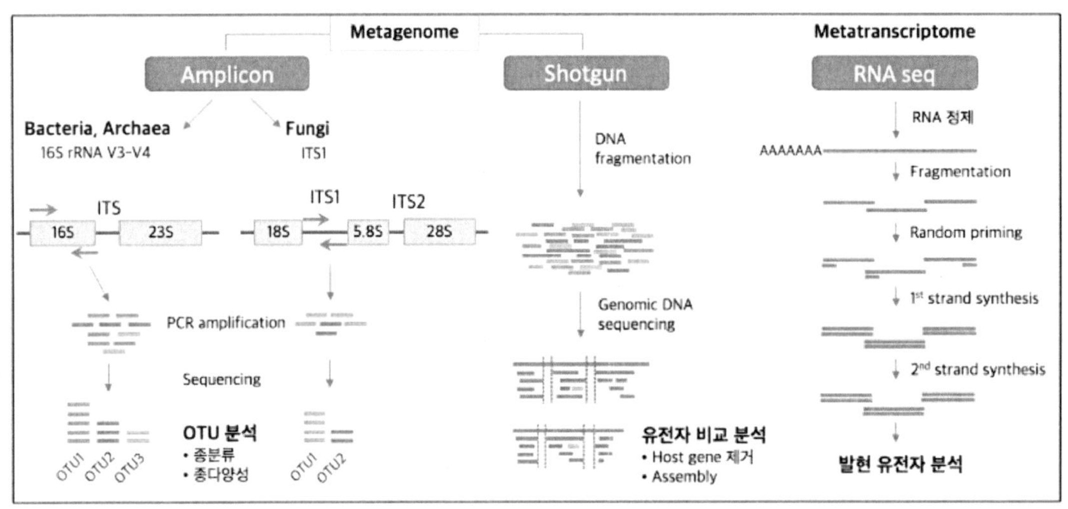

[그림 9] 마이크로바이옴 연구에 주로 사용되는 분석법의 개요

나) 구강 마이크로바이옴 연관 질병

 구강에 성공적으로 안착해 서식하는 60억 개의 박테리아는 타액을 통해 타인에게 전파되며, 지역 공동체 구성원의 건강에 영향을 미친다. 대표적인 구강 질환으로는 치주염, 치은염, 치아
우식(충치), 구강암 등이 있는데, 모두 구강 마이크로바이옴과 연관이 있는 것으로 알려져 있다. 최근엔 구강과 연관이 없을 것으로 여겨지던 질병도 구강 마이크로바이옴과 연관된 것으로 밝혀지고 있는데, 구강은 호흡기와 위장을 비롯한 인체 여러 내장 기관의 입구로서 인체의 전반적인 건강에 중대한 영향을 끼치고 있음을 알 수 있다.

질병	증가한 미생물	억제된 미생물
치주염 (periodontitis)	• 문: Spirochaetes, Synergistetes and Bacteroidetes • 강: Clostridia, Negativicutes and Erysipelotrichia • 속: *Prevotella, Fusobacterium* • 종: *Porphyromonas gingivalis, Treponema denticola, Tannerella forsythia, Filifactor alocis, Parvimonas micra, Aggregatibacter actinomycetemcomitans* • 고세균: *Methanobrevibacter oralis, Methanobacterium curvum/congolense, Methanosarcina mazeii*	• 문: Proteobacteria • 강: Bacilli • 속: *Streptococcus, Actinomyces, Granulicatella*
임플란트 주위염(peri-implantitis): 치태 검체	• 문: Bacteroidetes • 속: *Prevotella (P. denticola, P. multiformis, P. fusca), Filifactor, Mogibacterium, Propionibacterium, Acinetobacter, Staphylococcus, Paludibacter, Bradyrhizobium, Porphyromonas* • 종: *P. gingivalis, P. endodontalis, T. forsythia, F. nucleatum, Fretibacterium fastidiosum, P. intermedia, T. denticola*	
임플란트 주위염: 치은구액(crevicular fluid) 검체	• 속: *Acinetobacter, Micrococcus, Moraxella*	• 속: *Vibrio, Campylobacter, Granulicatella* • 종: non-mutans *Streptococci, Corynebacterium matruchotii, Capnocytophaga gingivalis, Eubacterium IR009, Campylobacter rectus, Lachnospiraceae sp. C1*
치아 우식 (dental caries)	• 속: *Neisseria, Selenomonas, Propionibacterium* • 종: *Streptococcus mutans, Lactobacillus* spp., *Candida albicans* (진균)	
구강암(oral cancer): 타액 검체	• 종: *P. gingivalis, C. gingivalis, T. denticola, Prevotella melaninogenica, Streptococcus mitis*	• 종: *Granulicatella adiacens*
구강암: 구강 린스액 검체	• 속: *Fusobacterium, Bacteroidetes, Filafactor, Streptococi, Prevotella,*	
구강암: 치주 치태 검체	• 종: *P. gingivalis, Fusobacterium nucleatum*	
구강암: 종양 조직 검체	• 속: *Streptococcus* • 종: *P. gingivalis, F. nucleatum, T. denticola, Peptostreptococcus stomatis, Streptococcus salivarius, Streptococcus gordonii, Gemella haemolysans, Gemella morbillorum, Johnsonella ignava, Streptococcus parasanguinis*	
식도암 (esophageal cancer)	• 종: *T. forsythia, P. gingivalis*	• 속: *Neisseria* • 종: *Streptococcus pneumoniae*

질병		
구내염 (stomatitis)	• 종: Gemella haemolysans, S. mitis, P. gingivalis, Parvimonas micra, T. denticola, F. nucleatum, Candida glabrata (진균)	-
1차성 쇼그렌증후군 (primary Sjögren's syndrome)	• 문: Firmicutes • 속: Gemella	• 문: Proteobacteria • 속: Streptococcus
대장암 (colorectal cancer)	• 속: Lactobacillus, Rothia • 종: F. nucleatum	-
췌장암 (pancreatic cancer)	• 속: Leptotrichia (발병 후기) • 종: P. gingivalis, A. actinomycetemcomitans (발병 초기)	• 속: Leptotrichia (발병 초기) • 종: P. gingivalis, A. actinomycetem-comitans (발병 후기)
낭포성 섬유증 (cystic fibrosis)	• 종: Streptococcus oralis, S. mitis, S. gordonii, Streptococcus sanguinis	• 종: S. oralis (환경에 좌우됨)
심혈관 질환 (cardiovascular disease)	• 종: C. rectus, P. gingivalis, Porphyromonas endodontalis, Prevotella intermedia, Prevotella nigrescens	-
류마티스성 관절염 (rheumatoid arthritis)	• 속: Veillonella, Atopobium, Prevotella, Leptotrichia • 종: Rothia mucilaginosa, Rothia dentocariosa, Lactobacillus salivarius, Cryptobacterium curtum	• 속: Haemophilus, Neisseria • 종: P. gingivalis, Rothia aeria
알츠하이머병 (Alzheimer's disease)	• 문: Spirochaetes • 속: Treponema, Moraxella, Leptotrichia, Sphaerochaeta, Abiotrophia (APOE ε4(+)), Desulfomicrobium (APOE ε4(+)) • 종: P. gingivalis, Tanneralla fortsythia, F. nucleatum, P. intermedia, Candida albicans (진균), C. glabrata (진균)	• 속: Rothia, Actinobacillus (APOE ε4(+)), Actinomyces (APOE ε4(+))
당뇨 (diabetes melitus)	• 속: Aggregatibacter, Neisseria, Gemella, Eikenella, Selenomonas, Actinomyces, Capnocytophaga, Fusobacterium, Veillonella, Streptococcus	• 속: Porphyromonas, Filifactor, Eubacterium, Synergistetes, Tannerella, Treponema

[그림 11] 다양한 질병과 연관된 구강 마이크로바이옴

라. 식물 마이크로바이옴[13]

 식물 마이크로바이옴이란 식물, 환경 그리고 식물과 연관되어 있는 생물군집의 총합으로 정의할 수 있다. 식물 마이크로바이옴에는 식물 내생·엽권·근권 등에 존재하는 미생물(바이러스, 세균, 진균 등), 동물(절지동물, 곤충, 선충 등), 기·공생식물 등 모든 생물체 군집이 포함된다. 즉, 식물 마이크로바이옴은 식물과 연관된 생물군집에 영향을 주는 물리·화학적 환경(토양, 공기, 물 등), 기후를 포함하는 개념이라고 할 수 있다.

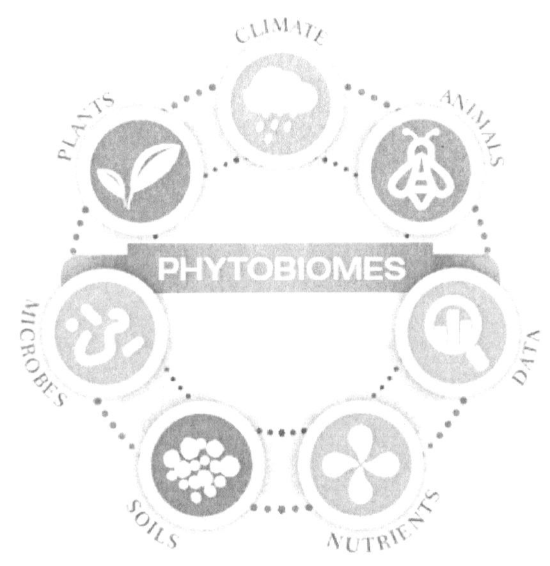

[그림 12] 식물 마이크로바이옴 구성

 식물 마이크로바이옴을 구성하는 각 요소 간 역동적(dynamic) 상호작용은 토양과 식물 그리고 농업생태계에 결정적 요소로 작용된다. 식물 마이크로바이옴과 직접 연관된 범위는 작물, 토양 및 야생 생태계를 포함하며 영양학적 가치, 식품 안정성까지 매우 넓은 범위를 포함한다.

 식물 마이크로바이옴은 식물 내부와 주변에 미생물이 서식하면서 식물의 생육에 큰 영향을 미치고 있다. 뿌리, 줄기, 잎, 꽃, 과실, 종자 등 모든 식물 기관에서 발견되며 부위마다 미생물의 종류가 다르고 역할도 제각각인 것으로 알려져 있다.
 식물과 밀접한 관계에 있는 미생물에는 대표적으로 세균(bactera), 진균(fungi), 바이러스(virus) 등이 있으며 식물과 공생한다. 세균은 가장 다재다능한 능력을 보여주는 생물체로 항생 물질과 호르몬 생산, 면역과 스트레스 조절 등의 기능이 있다. 식물의 근권에는 토양 1그램당 1만 종 이상의 세균 군집이 있으며 세포 수로는 100억

---

13) 마이크로바이옴 연구개발 동향 및 농식품 분야 적용 전망, 농림식품기술기획평가원, 2017.12

개 이상이 존재하는 것으로 알려져 있다. 보통 곰팡이를 의미하는 진균류는 뿌리이자 줄기 역할을 하는 균사(mycelium)를 땅속으로 뻗어 식물의 영역을 넓혀주는 역할을 해준다. 즉 긴 실모양의 균사를 통해 식물뿌리가 닿지 않는 곳까지 확장하여 양분, 무기질, 물을 흡수하여 식물을 돕는 것이다. 뿌리 주변 토양, 뿌리 표면과 내부까지 서식하며 세포 수로는 토양 1그램당 10만~100만 개 이상 존재하는 것으로 알려져 있다. 바이러스는 지구상에서 가장 개체 수가 많은 생물체로, 모든 생물은 최소 하나 내지는 여러 바이러스와 같이 살고 있다. 병원성 바이러스가 많이 알려져 있으나 생태계에서는 오히려 식물의 스트레스를 줄여주는 역할도 담당한다.

 마이크로바이옴의 영역은 뿌리의 영향을 받는 주위의 토양을 일컫는 근권(rhizosphere), 식물체 내부인 내권(endosphere), 잎의 표면을 말하는 엽권(phyllosphere)으로 나뉜다.

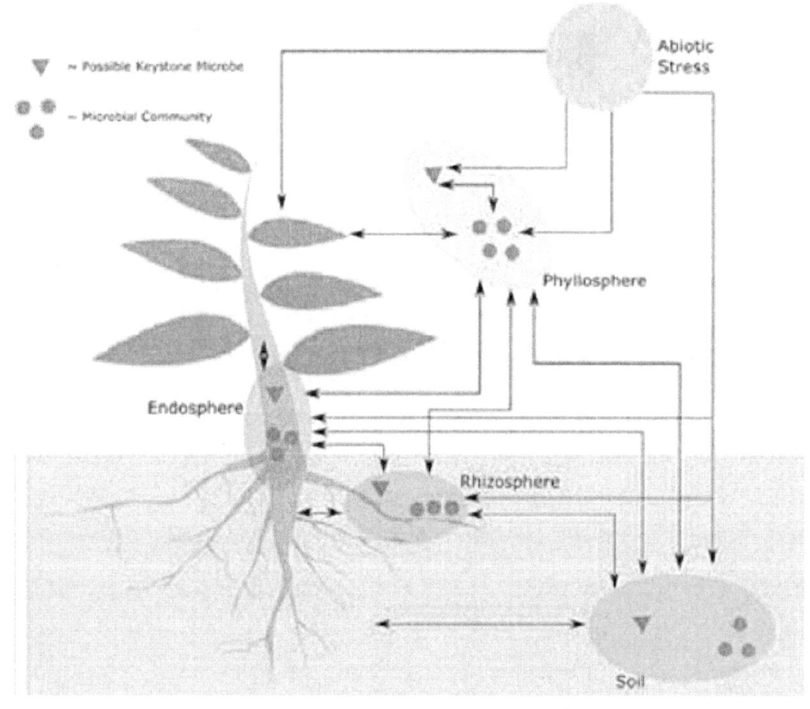

그림 13 식물바이옴 상호작용 (출처 : Front in Plant Sci <2019> 10:862)

식물 뿌리와 함께 살아가야 하는 근권 미생물은 생존을 위한 그들만의 특수한 전술을 구사하는 것으로 알려져 있다. 첫째, 뿌리혹박테리와 같은 미생물들은 생존을 위해 식물과 한 몸으로 협동하여 같이 사는 방법을 터득하였다. 콩과식물 뿌리에 혹을 형성하여 식물로부터는 먹이 (탄소)를 얻고, 공중질소를 식물이 이용할 수 있는 형태로 만들어 공급하는 역할을 하는 것으로 알려져 있다. (예 : Rhizobium, Bradyrhizobium 등). 둘째, 다른 미생물과 양분 혹은 서식지 경쟁에서 이길 수 있도록 도와주는 항생물질을 만들어 식물의 병저항성을 높여주는 전략을 갖는 근권 미생물도 존재한다. 항생물질 생산에 흔히 쓰이는 Pseudomonas, Bacillus, Streptomyces 등이 대표적인 미생물이다. Pseudomonas, Bacillus 등은 토양과 강하게 결합하여 식물이 흡수할 수 없는 영양분을 이용할 수 있게 바꾸어 준다. 즉 뿌리 근처에 살면서 흙 알갱이와 화학적으로 강하게 결합된 인산(P) 같은 양분을 식물이 이용하기 쉬운 형태로 바꾸어 주는 것이다. 세계 각국에서 비료 대신 사용할 목적으로 연구 중인 미생물로 인산가용화균을 비롯한 다양한 명칭이 있으며 생물 비료라 불리기도 한다.

 내권이란 식물체 내부를 의미하며 내권에서 서식하는 미생물을 내생미생물(endophytes)이라 한다. 식물 내부에서 전체 생활사의 일부 또는 전부를 지내는 미생물로 눈에 띄는 해를 입히지 않는 것이 특징이다. 이들 미생물은 자신의 생활사를 완성하기 위해 다양한 방법으로 식물 조직에 침투하는 방법을 발달시켜왔으며, 일부 내생미생물은 식물을 병원균으로부터 지켜주거나 생육에 도움을 주기도 한다. 내생미생물이 존재하는 식물의 경우 그렇지 않은 식물에 비해 병원균에 대한 저항성 및 내성이 높은 것으로 알려져 있다. 전신유도저항성 (induced systemic resistance, ISR)이라고 하여 특정 물질을 생성해 기주식물이 스스로 방어체계를 형성할 수 있도록 유도하는 것이 가장 대표적이다. 에틸렌과 자스몬산은 식물이 실제로 어려운 상황에 빠진 것처럼 착각하게 하여 병원균의 공격에 미리 대비하도록 하는 일종의 '예방주사'와 같은 역할을 해주는 식물호르몬이지만, 어떤 내생미생물은 기주식물을 외부 스트레스로부터 보호하는 다양한 2차 대사산물 (생리활성물질)을 만드는 경우가 많은 것으로 알려져 있다.

 엽권이란 주로 잎에 사는 미생물의 서식지를 뜻하며 이곳에 서식하는 거주자가 엽권미생물이다. 식물 잎 표면에 있는 미세 통로에 집중적으로 분포하는데, 유기물과 무기물의 흡수•배출 통로이기 때문에 대부분은 비병원성으로 식물과 밀접한 상호 관계를 이루고 있으며, 외부자극에 이겨내기 위한 필수 생존전략을 보유하고 있다. 주로 대기중에 노출되어 있어 영양이나 수분 부족 등 다양한 스트레스 상황에 적응할 수 있는 다양한 생존능력을 보유하기도 한다.

3

유전체 분석

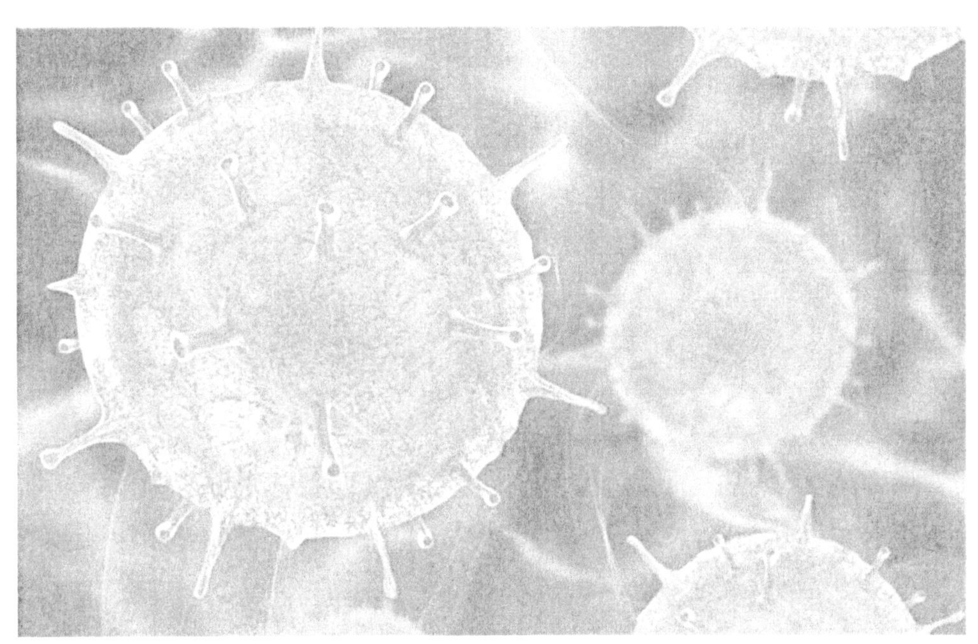

3. 유전체 분석

가. 유전체 분석 개요[14]

 유전체학은 특정 생물체의 개별유전자들 총합인 유전체 및 관련정보를 체계적으로 연구하는 학문으로서, 특정한 생명현상이 수많은 유전자들의 변화 및 상호관계를 이해하여여만 해석이 가능하며, 이를 기반으로 질병과 관련된 유전체 정보를 얻을 수 있다. 특히, 인간유전체의 정보를 완전히 해독하고 이를 이용하여 모든 질병의 원인을 모두 파악하게 된다면, 질병 예방 및 진단, 치료신약 그리고 치료기술의 개발에 대한 획기적인 전기가 마련될 수 있을 것이라는 기대감을 가질 수 있다.

 유전체학과 단백질체학은 공통적으로 유전자 기능연구를 목표로 하고 있다. 다만 방법론적으로 서로 달라 유전체학은 유전자 차원에서, 단백질체학은 유전자의 산물인 단백질 차원에서 상호 보완적인 연구를 수행하고 있다.

유전체학	단백질체학
• 생물체의 단일 유전체를 다룸 • 유전자에서부터 시작해서 단백질의 기능을 추정	• 유전체에서 발현된 단백질체를 다룸 • 기능적으로 변형된 단백질로부터 시작해서 그 유전자 규명을 거꾸로 접근
차이점	
• 동일세포의 DNA로부터 결정된 정보는 변화가 없음	• 약물처리에 따라 달라짐 • 조직의 본질에 따라 발현도가 달라짐 • 발단단계, 건강상태, 질병유무에 따라 발현도가 달라짐

[표 2] 유전체학과 단백질체학의 비교

 유전체 연구는 그 성격에 따라 기반형 연구와 기능분석 연구로 나눌 수 있다.

① 기반형 연구

 기기, 시설, 인력 등 유전체 연구를 위한 인프라[15] 구축이나 대규모 유전체 정보 생산, 분석, 가공, 서비스 또는 새로운 유전체 및 오믹스 분석 기술 개발 등의 기반구축 또는 원천기반기술[16] 개발형 연구를 의미한다.

---

14) 유전체 연구 및 활용기술, BT기술동향보고서, 2007
15) 인프라 : 유전체학 관련 R&D를 수행할 때 활용하게 되는 자원, 생물정보학적인 도구, 기술적인 지원 조직 등(예 : 조직은행, microarray core 등)
16) 원천기반기술 : 유전체학의 여러 응용 R&D를 수행함에 있어서 공통적으로 활용되는 기술(예 : DNA chip 제작기술)

② 기능분석 연구

유전체/오믹스 기술을 이용한 개별 연구대상 생물체의 개별 유전자/단백질의 기능 및 상호작용에 대한 분석 및 이를 활용한 신소재 또는 신약 개발 등의 목표 지향적 산업기술개발형 연구를 총칭한다.

나. 유전체 정보분석
1) 단일세포 유전체 분석기술[17]

세포는 유전 정보를 담고 있는 생물의 생명작용의 기본적이며 핵심적인 단위체이며, 인간은 단일 세포로부터 시작하여 세포가 다양한 형태로 분화함으로서 인체를 구성하는데, 이를 위해서는 수천 번의 분화 과정을 거치게 된다. 세포 분화를 거칠 때 마다 낮을 확률로 유전적 변이가 생길 수 있기 때문에 세포분화를 거치면서 동일한 세포로부터 분화한 세포들이라도 동질성 세포가 아니고 세포 분화 동안 다양한 유전 변이를 가지는 개별 세포로 분화를 하게 된다. 이러한 유전적 변이를 지니는 세포의 수가 축적이 될 경우 암이나 노화, 신체기능의 장애와 같은 다양한 형태의 질환으로 나타날 수 있다.

기존의 질병과 유전적 변이의 상관관계를 밝혀내는 연구들의 경우 많은 세포로 이루어진 조직단위에서 유전적 변이를 찾아내는 방향으로 이루어졌다. 하지만 최근 이러한 가정이 잘못 되었으며 조직안의 대다수의 세포는 질환과 관련이 없고 몇몇 특정 세포가 가지고 있는 변이가 질환과 관련이 있다는 것이 밝혀졌다. 따라서 정확한 질병의 진단과 치료에 single cell genomics를 기반으로 한 접근 방법의 필요성이 대두되었다.

Single cell genomics는 암과 세포의 유전자 변이와 연관성은 물론, 숨어있는 희귀한 유전자 변이로 인해 발생하는 질병과의 연결고리를 세포 단위에서 관찰하여 명확하게 밝힘으로써 세포의 분화 과정에 대한 연구 및 정확한 질병 원인 규명에 따른 치료약 개발 등에 큰 역할을 할 수 있다.

단일 세포 유전체 분석 기술의 단계를 살펴보면, 세포 분리, DNA/RNA의 증폭, 시퀀싱, 시퀀싱 결과의 분석 4단계로 나눌 수 있다.

① 세포 분리
세포 분리는 serial dilution, micromanipulation, flowcytometer-sorting, microfluidics, laser capture micros-section 등의 방법을 사용할 수 있으며, 혈액에 존재하는 순환 종양세포처럼 희귀한 세포를 골라내야할 경우 항체를 이용한 selection 방법을 사용하기도 한다.

② DNA/RNA의 증폭
DNA 혹은 RNA의 증폭은 PCR 방식을 가장 많이 사용하고, DNA의 경우 random priming 방식의 DOP-PCR, MDA (multiple displacement amplification),

---

MALBAC(multiple annealing and looping based amplification cycle) 방법 등이 있고, RNA의 증폭은 cDNA 합성후 이루어지며 template switching oligo를 사용하는 SMART-seq 방식이 주로 사용된다.

③ 시퀀싱

 단일세포 유전체 시퀀싱은 기존의 Bulk 시퀀싱 방법을 사용하되, 하나의 시퀀싱 batch에 수천, 수만개에 해당하는 세포 데이터를 생산하므로 바코드 사용이 필수적이며 그 숫자와 종류가 다양하다.

 세포별 바코드 혹은 인덱스는 DNA의 경우 시퀀싱라이브러리 제작단계에서, RNA는 lowthroughput의 경우 시퀀싱라이브러리 제작 단계에서 high-throughput의 경우 역전사 과정에서 세포 인덱스를 삽입한다.

④ 분석

 DNA 시퀀싱 결과의 분석은 Bulk 데이터 분석과 같은 분석파이프라인을 적용하고 있으며 quality filtering, reference genome에의 alignment, 여러 가지 변이에 대한 calling, annotation 과정을 수행하게 되며 주로 종양이질성에 대한 분석이 수행되어 왔다.

 RNA 시퀀싱 데이터의 분석은 종양뿐 아니라 다양한 정상시스템과 질병 모델의 subpopulation 분석에 초점이 맞추어져 있는데, Bulk 데이터 분석과 유사한 quality filtering, alignment, mapping 과정을 수행하여 gene/tran 발현을 평가한다.

가) 연구 동향[18]

최근 차세대염기서열분석 기술 발달로 인해 단일세포 유전체 분석관련 논문 출판이 지난 수년간 급증하고 있다.

분야	연구 내용
신경학	허혈성 심부전 모 델에서 single cell real time RT-PCR 방법을 이용한 시상하부 세포의 전압의존성 K채널의 발현 변화양상 조사
	Single-cell transcriptomics 기반 치과 통증질환 제어기술 개발
면역학	신개념의 신약 스크린 기술
	면역학과 암 연구에 적용한 다중 단일 세포 프로테오믹스를 위한 마이크로칩 플랫폼
	췌장암 마커 검출을 위한 혈액 세포 다중 분석 시스템 개발
	약물 연구 및 개발을 위한 단일세포 분석도구
조직학	오믹스 데이터 통합 분석을 통한 인트론 내재 기능서열 및 질병 연관 변이 동정연구
	단일 세포 전사체 기반 폐암 전이-치료예측 기술개발
	단일 세포 전사체 기반 유방암 subtype 재정립 및 조기진단 subtype-specific 바이오마커 발굴
줄기세포	가임력 증진을 위한 원시난포활성화 기전 연구
	단일 세포 전장전사체 서열 분석을 통한 연골조직으로의 줄기세포분화 최적화 배양 조건에 관한 연구
응용기술	단일세포 수준의 다중오믹스 분석 응용
	단일세포 수준의 공간 네트워크 분석 기술

[표 3] 단일세포 시퀀싱 분석 기술 관련 연구 현황

---

18) 단일세포 시퀀싱 분석 기술, NRF R&D Brief, 2020.12.14

2) 차세대 염기서열 분석[19)]

 DNA의 염기서열에는 개인의 형질 및 질병과 관련된 유전적 정보가 저장되어 있으
며 이를 분석하는 것은 생물학적 현상 및 질병의 발생 기전을 이해하고 진단 및 치료
에 활용하는 데 중요하다. 염기서열을 분석하는 데에는 1970년대 Sanger에 의해 개
발된 직접염기서열분석 방식이 전통적으로 널리 쓰였고 이는 DNA 복제효소
(polymerase)가 DNA를 합성하는 과정에서 DNA 가닥을 계속 합성되도록 하는 디옥
시뉴클레오티드(deoxynucleotide, dNTP)와 DNA 가닥이 합성 도중 중단되도록 하는
디디오식뉴클레오티드(dideoxynucleotide, ddNTP)를 적절한 비율로 섞어주어 무작위
적으로 다양한 길이의 DNA 합성 조각(fragment)들이 만들어지도록 하여 이를 전기
영동(electrophoresis)으로 조각의 크기를 구분하는 방식이다. 근대식 장비는 ddNTP
염기에 형광을 붙여 미세관에 전기영동(capillary electrophoresis)을 하여 레이저로
검출하는 기능을 갖추어 더욱 정교하고 정확한 염기서열 분석이 가능하게 하였다.

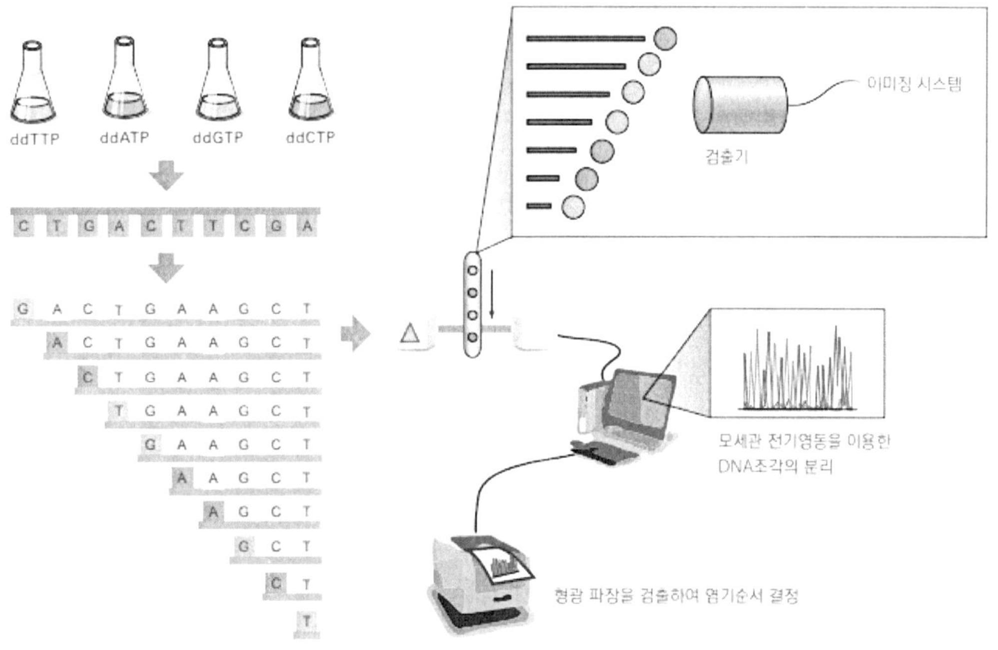

[그림 15] 직접염기서열분석법의 원리

 이러한 직접염기서열분석 방식은 수십년 동안 염기서열의 표준 방식으로 이용되었으
며, 1990년 초에 시작하여 2000년 초에 완성된 인간 게놈 프로젝트(Human genome
project)에 사용되기도 하였다. 그러나 이 방식은 분석하고자 하는 부위를 PCR 증폭
해야 하기 때문에 여러 타겟을 분석할 경우 많은 시간과 노력 및 비용이 소요되어 효

---

19) Next Generation Sequencing 기반 유전자 검사의 이해(심화), 식품의약품안전평가원

율이 낮은 문제점이 있었다. 이러한 단점을 극복하고자 차세대 염기서열분석(Next generation sequencing; NGS) 법이 개발되었으며 이것은 DNA 가닥을 각각 하나씩 분석하는 방식으로 기존의 직접 염기서열분석법에 비해 매우 빠르고 저렴하게 염기서열 분석이 가능하다는 장점을 가지고 있다.

다. 차세대 염기서열 분석(NGS) 기술[20]

기존의 직접염기서열분석법(direct sequencing)은 분석하고자 하는 부위를 PCR 증폭해야 하기 때문에 여러 타겟을 분석할 경우 많은 시간과 노력 및 비용이 소요되어 효율성이 낮은 문제점이 있었다. 이러한 단점을 극복하고자 차세대 염기서열분석(next generation sequencing; NGS) 법이 개발되었으며 이것은 DNA가닥을 각각 하나씩 분석하는 방식으로 기존의 직접 염기서열분석법에 비해 매우 빠르고 저렴하게 염기서열이 가능하다는 장점을 가지고 있다.

NGS는 DNA를 일정한 조각(fragment)으로 분절화시키고 장비가 인식할 수 있는 특정 염기서열을 가진 올리고뉴클레오티드(oligonucleotide)를 붙여주는 라이브러리(library) 제작, 각 라이브러리 DNA 가닥의 염기서열을 장비에서 읽는 단계, 그리고 장비에서 생성된 데이터를 가공하여 알고리즘으로 분석하는 단계로 구성된다.

---

20) Next Generation Sequencing 기반 유전자 검사의 이해(입문), 식품의약품안전평가원

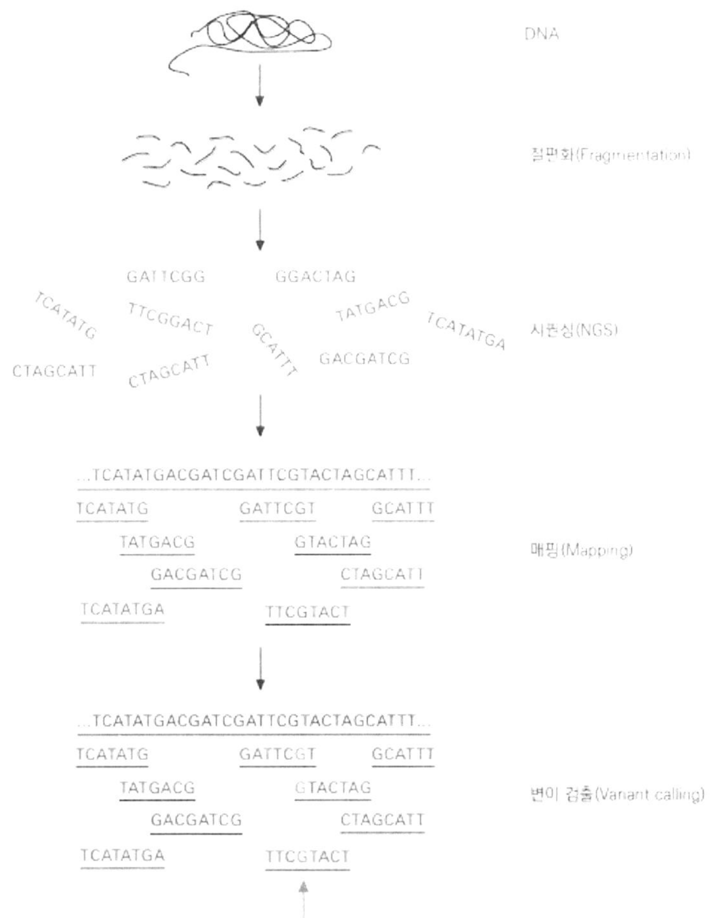

[그림 16] NGS의 개념 및 단계

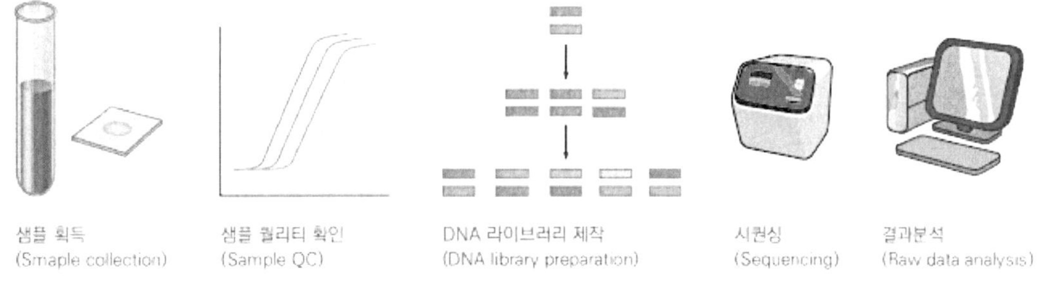

[그림 17] NGS 진행 과정(workflow)

1) NGS 전처리 과정

 NGS 전처리 과정은 샘플 DNA 혹은 RNA가 NGS 장비에서 인식하여 염기서열분석을 할 수 있도록 가공하는 과정이다. NGS 장비가 인식하기 위해서는 보통 샘플 DNA 혹은 RNA를 적당한 크기로 자른 후 양 끝에 특정한 염기서열을 가진 올리고뉴클레오티드(oligonucleotide)를 붙여준다. 이렇게 만들어진 산물을 라이브러리(library)라고 부른다.

가) 라이브러리 제작

 라이브러리 제작은 분절화(fragmentation), 말단수리(end-repair), 3′-말단 아데닌 추가(A-tailing), 어댑터 부착(adapter ligation), 라이브러리 증폭(library amplification)으로 나누어진다. 샘플에서 추출된 핵산은 NGS 장비에서 분석 가능한 크기로 적절하게 절단시켜야 한다. 이것을 분절화(fragmentation)라 부르고 이은 물리적 또는 효소적인 방법으로 무작위로 절단을 일으킨다. 분절화가 끝난 핵산은 불완전한 말단을 수선해주고(end-repair) 3′-끝에 아데닌(adenine) 염기를 추가하여 어댑터 부착이 쉽게 만든다.

 어댑터(Adapter)란 NGS 장비가 인식할 수 있는 고유한 염기서열을 가진 올리고뉴클레오티드로서, DNA에 어댑터를 붙여주는 작업은 보통 리게이즈(ligase) 효소를 이용한다. 어댑터가 붙은 라이브러리는 NGS 검사를 하기에 양이 충분하지 않기 때문에 PCR 증폭 과정을 거치고 마지막으로 예기치 않은 부산물 등을 제거하는 정제(clean-up) 과정을 거친다.

나) 타겟 선별

 만들어진 라이브러리를 추가 작업 없이 NGS 분석을 하여 모든 DNA의 데이터를 얻는 것을 whole genome sequencing(WGS)이라 하고, 모든 RNA의 정보를 분석하면 whole RNA sequencing이 된다. 원하는 유전자 부위만 보고자 한다면 분석하고자 하는 부분의 DNA 혹은 RNA를 선별해야 하며 이것을 타겟 선별(target enrichment)이라 하고 이렇게 NGS 분석을 하는 것을 타겟 패널 시퀀싱(targeted sequencing)이라 부른다.

 타겟 선별은 PCR 프라이머(primer)로 증폭을 하는 앰플리콘(amplicon) 방법과 프로브(probe)를 이용하여 교합(hybridization)하는 캡쳐(capture) 방법으로 나뉜다.
 PCR 앰플리콘 방식은 검사 소요시간이 더 **짧고**, 상대적으로 적은 양의 DNA를 필요로 하여 잘 디자인된 작은 수의 유전자 패널에 대한 검사에 유용하지만, 패널의 유전

자 수가 많아지거나 엑솜 시퀀싱(exome sequencing)을 수행하는 경우에는 프로브방
식이 유리하다.

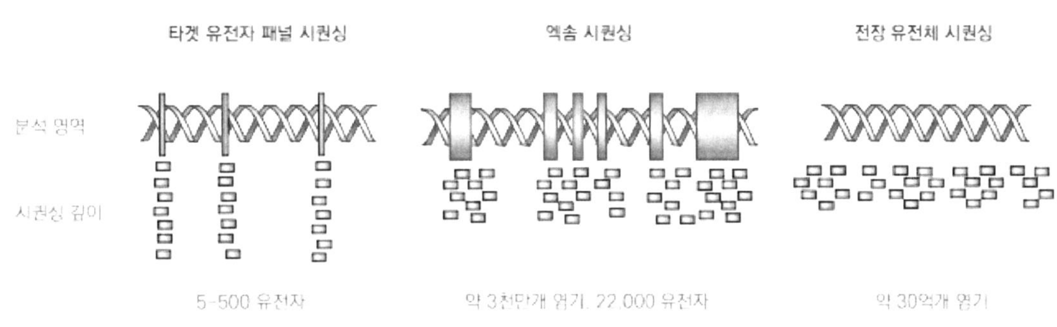

[그림 18] 타겟 범위에 따른 DNA 시퀀싱의 종류

① 전장 유전체 시퀀싱

 유전체 전체를 분석하는 방법으로서 타겟 선별 단계가 필요 없으나 인트론(intron)
을 포함한 광범위한 영역을 분석하므로 시퀀싱 비용은 크게 증가하며 상대적으로 각
영역별 시퀀싱 깊이(depth)는 낮아지기 때문에 분석정확도가 낮아진다. 대신 인트론
과 비번역 부위(untranslated region)을 분석할 수 있기 때문에 구조적(structural)
변이나 유전자 발현 조절과 관련된(regulatory) 변이를 검출할 수 있는 장점이 있다.

② 엑솜 시퀀싱

 인간의 유전자는 약 22,000개 이상이 존재하며 엑손(exon) 부위는 단백질을 직접
코딩하는 부위로 전체 유전체의 유전체의 1~2% 정도를 차지한다. 대부분의 질환 연
관 돌연변이는 이 위치에 존재하므로 엑솜 시퀀싱으로 효과적으로 돌연변이를 검출할
수 있다. 엑솜 시퀀싱은 중간 정도의 시퀀싱 깊이를 얻을 수 있으며 전장 유전체 시
퀀싱에 비하여 비용이 저렴하고 분석에 소요되는 시간이 줄어들어 효율적이다.

③ 타겟 패널 시퀀싱

 타겟 패널 시퀀싱은 특정 질병이나 증상의 원인이 되는 유전자들로만 구성된 패널을
구성하여 검사하는 방법으로서 하나의 질환과 관련된 유전자가 여러 개인 경우 유용
하다. 이 방법은 몇 개의 유전자를 선택적으로 검사하므로, 엑솜 시퀀싱이나 전장 유
전체 시퀀싱에 비하여 높은 시퀀싱 깊이(depth)를 얻을 수 있어 정확도가 높고 비용
이 저렴하기 때문에 현재 임상 검사로 가장 많이 사용되고 있다.

2) NGS 분석 알고리즘

① NGS 데이터 정도관리

 NGS는 기술적 한계와 실험적 원인에 의한 다양한 오류(error)의 가능성이 있다. NGS 염기서열분석 결과에서는 추정 오류 확률을 수치로 나타내며 Phred 점수가 각 염기의 품질을 나타내는 지표로 활용되며 일반적으로 Q30 이상의 Phred 점수를 보이는 염기는 시퀀싱 품질이 우수하다고 판단하여 분석에 활용된다. 각 시퀀싱 리드(read)의 염기서열과 Phred 점수를 같이 표시한 것을 FASTQ 파일이라 부른다.

② 매핑

 FASTQ 파일의 시퀀싱 리드(read)가 어떤 염색체에 어느 위치에 있는 DNA 인지에 대한 정보를 표준 유전체(reference genome)에서 위치를 찾아주는 작업을 매핑(mapping)이라 부르며 현재 BWA 라는 프로그램이 가장 널리 이용된다. 매핑이 완료되면 각 시퀀싱 리드 별로 표준유전체에서의 염색체 번호 및 위치가 기록되는데 이것을 BAM(binary alignment map) 파일이라 부른다.

③ 변이 검출

 BAM 파일의 각 시퀀싱 리드를 분석하여 특정 위치에서 표준 유전체 서열과 다른 변이(variation)가 있는지 찾아내는 작업을 변이 검출(variant calling)이라 부른다. 이것은 여러 개의 시퀀싱 리드를 종합하여 확률적으로 판단하여 에러를 배제하고 진 양성(true positive) 변이를 추정하는 통계적 알고리즘들이 이용되며 미국 Broad 연구소에서 개발한 GATK 프로그램이 가장 널리 사용된다. 검출된 변이는 variant call format(VCF) 형식의 파일로 저장이 되며 이 파일에는 변이의 위치와 관찰된 변이의 종류 등이 기록된다.

 유전 변이는 크게 생식세포(germ-line) 및 체세포(somatic) 변이로 나뉠 수 있으며 생식세포 변이는 보통 아버지와 어머니에게서 각각 물려받은 2개의 유전자 중 하나(이형접합자, heterozygote) 혹은 2개 모두(동형접합자, homozygote)에서 변이가 관찰될 수 있기 때문에 전체 시퀀싱 리드 중 약 50% 혹은 100%로 변이가 관찰된다. 반면 체세포 변이는 후천적으로 발생하는 것으로 일부 조직 혹은 일부 세포에서만 변이가 관찰되기 때문에 변이의 비율이 1% 미만에서 99% 이상까지 다양한 비율로 관찰될 수 있다.

④ 유전자 복제수

 인간의 세포는 2개의 유전자를 가지고 있으므로 대부분의 유전자 복제수(gene copy)는 2개이지만 이러한 복제 수가 늘어나거나(중복, duplication) 줄어들(결손, deletion) 수 있으며 이것을 유전자 복제수 변화(copy number variation, CNV)라 부른다. NGS 데이터에서도 복제수 또는 구조적 변화를 검출하는 데에는 여러가지 원리의 알고리즘이 사용될 수 있다. 시퀀싱 리드의 깊이(depth of coverage)의 차이를 비교하여 중복 혹은 결손을 추정할 수 있다.

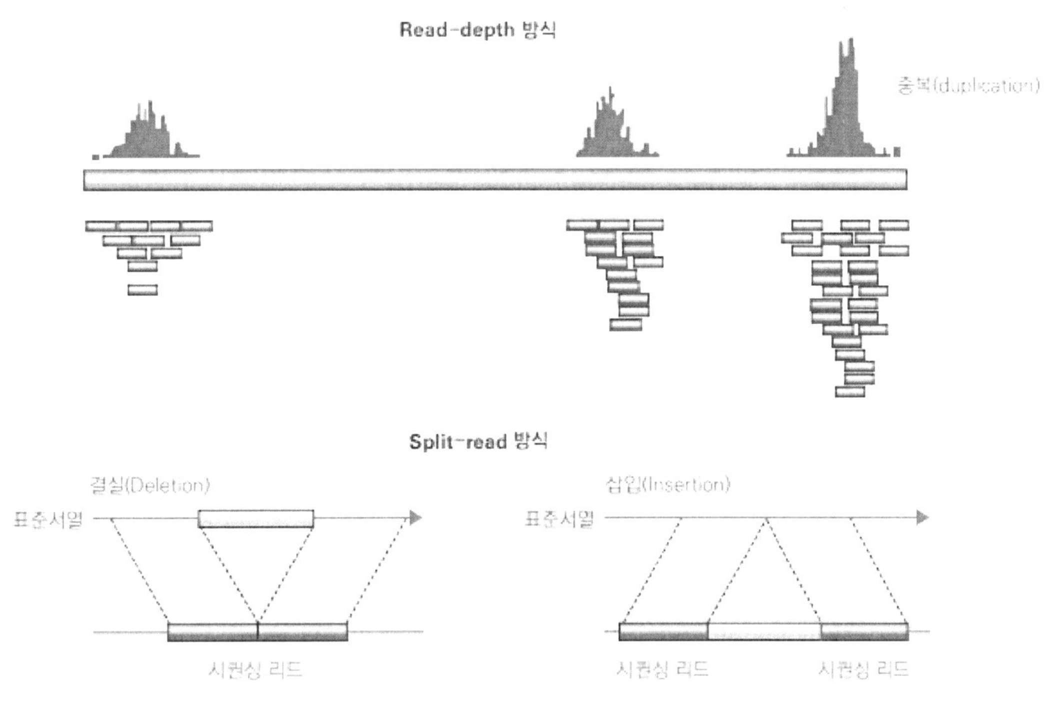

[그림 19] NGS를 이용한 유전자 복제수 및 구조 변이 발굴의 원리

⑤ NGS 분석 서버 및 프로그램

 NGS 원데이터(raw data)는 용량이 큰 텍스트(text) 파일의 일종으로서 분석에 많은 시간이 소요되는 만큼 이것을 쪼개서 여러 개의 CPU 코어에 할당하여 나누어 분석하도록 하는 병렬 연산(parallel computing)을 한다. 일반 분석자가 이러한 고용량 컴퓨터를 구매하고 관리하는 것이 어렵기 때문에 클라우드 컴퓨팅(cloud computing)을 이용하여 리소스를 이용하는 것도 늘고 있다. NGS 분석 프로그램 중에는 무료로 공개된 오픈소스(open-source) 프로그램과 상업적 목적으로 개발하여 유료 프로그램이 있으며, 오픈소스 프로그램은 보통 명령어 형태로 되어 있는 경우가 많아 프로그래밍에 대한 지식이 필요하다. 상용화 프로그램은 그래픽 인터페이스(graphic user interface) 기반에 자동화되어 편리한 반면 최신 알고리즘에 대한 업데이트가 느리기 때문에 사용자가 원하는 사항을 모두 만족시키기 어려운 단점이 있다.

⑥ 유전체 데이터베이스 및 주석

 NGS에서 변이가 검출되면 이 변이가 어느 데이터베이스에 등재되어 있는 변이인지 등을 확인해야 한다. 이 과정을 컴퓨터 알고리즘으로 자동화하는 것이 필요하며 이것을 주석(annotation)이라 부른다. 데이터베이스에는 정상인의 변이 빈도를 기록한 것이 있고(예. ExAC, gnomAD 등), 질환과 관련되어서 생식세포 돌연변이 위주로 구성된 데이터베이스(ClinVar, HGMD, LOVD 등)와 암 돌연변이 위주의 데이터베이스(COSMIC, TCGA, ICGC 등)가 있다.

⑦ 컴퓨터 시뮬레이션 알고리즘

 염기서열의 변화가 단백질의 구조나 기능에 어떤 영향을 줄 것인지를 컴퓨터 시뮬레이션(in silico) 알고리즘으로 예측해볼 수 있다. 그러나 이러한 알고리즘의 정확도와 특이도는 대략 60~80% 정도 되기 때문에 이 예측만을 가지고 변이의 분류에 사용하거나 임상적 결정을 내리는 것은 지양해야 한다.

⑧ 데이터 시각화

 NGS 데이터를 눈으로 직접 확인이 가능하게 해주는 프로그램들이 있으며, 미국 Broad 연구소에서 개발한 Integrated Genome Viewer(IGV) 프로그램이 많이 사용된다.

라. 기타
1) 초고속유전자염기서열분석[21]

초고속유전자염기서열분석(NGS, Next Generation Sequencing, High-throughput sequencing)은 A(아데닌), T(티민), C(시토신), G(구아닌)로 구성된 DNA 염기를 빠르게 판독하고 서열화하여 분석하는 기술로 하나의 유전체를 작은 조각으로 나누어 정보를 읽은 후, 얻어진 염기서열 조각을 조립하여 전체 유전체의 서열을 분석하는 방법이다.

개인의 유전특성을 확인하여 질병 예방과 치료에 NGS 기술을 기반으로 쓸 수 있는데, 예를 들면 단일염기다형성(SNP, Single Nucleotide Polymorphism)의 탐색, 후성유전학적인 DNA 메틸화(Methylation) 확인, 종양지표유전자 검사, 특정유전자에 대한 변이로서 삽입, 결실, 구조 변이 등이 있다. 2005년 차세대염기서열분석 기술이 처음 소개된 이후 다양한 분석 원리를 기반으로 하는 NGS 장비가 개발되었고, 2013년 미국 FDA에서 일루미나사(Illumina)의 MiSeqDx가 최초의 의료용 NGS 장비로 승인받은 이후 NGS 기술은 가장 혁신적인 유전자검사용 기술로 활용되고 있다.

본 기술은 인간 게놈(Genome) 데이터를 기반으로 하는 정밀의료(Precision Medicine)에 활용이 높아 기업과 병원, 보험회사, 국가 등 다양한 곳에서 유전체 DB 구축을 추진하고 있으며, 의료의 패러다임이 치료에서 예방으로 변화하고 있기 때문에, 중요도가 커질 것으로 보인다. 현재 상용화되어 있는 NGS 분석 장비의 기본 원리는 서로 비슷하지만, 사용하는 화학 반응이나 염기서열 검출 원리 등 세부 기술에 따라 고유의 특성 및 장단점을 가지고 있으며 전세계적으로 가장 널리 사용되는 것은 일루미나의 플랫폼으로, 공공데이터베이스인 Genebank에 등록된 염기서열의 90%가 이를 이용해 분석된 것이다.

3세대 염기서열분석인 Next NGS는 시퀀싱 전의 PCR 증폭 과정을 생략하고 DNA 단일분자를 그대로 시퀀싱할 수 있는 기술이다. 이전의 NGS는 증폭과정 중 중합효소에 의한 에러(단일 가닥 염기서열을 모두 분석하기 때문에 발생) 등을 모두 검출하므로, 이를 보정하고자 동일한 샘플을 반복적으로 분석하여 오차를 줄이는 추가적인 분석이 필요한 것과 달리 DNA 증폭 단계를 생략함으로써 오류를 방지하고 비용 및 시간 절감 효과를 얻을 수 있다. 또한 Next NGS에는 Programmable-Real-Time Targeted Sequencing 개념이 도입되었는데, 이는 전처리 과정 없이 특정 유전체 중 원하는 부분을 실시간으로 분석할 수 있는 기법이며 원하는 유전자 서열을 실시간으로 비교하여 분석할 수 있다.

---

21) 천랩, 한국IR협의회, 2020.04.09

　2014년 일루미나는 기존 Hiseq 제품을 개선하여 인간유전체 분석에 최적화 된 HiseqX10을 개발하였고, 이는 인간 게놈 분석 비용을 1,000달러까지 낮추는데 기여하였으며 2024년에는 분석비용이 100달러 수준으로 떨어질 것으로 전망되고 있으며, 이에 따라 NGS 서비스 이용자와 시장규모가 커질 것으로 보인다. 이에 따라 유전체 분석전문기업은　생물정보학(Bioinfomatics)서비스를　아웃소싱하거나　새로운 In-House(자체분석) 역량을 갖춤으로써 염기서열분석과 정보의 처리 및 해석을 함께 제공하는 전략을 취할 것으로 전망된다.

　정밀의학, 맞춤의학 시대가 다가오는 것을 대비하여 NGS 분석장비 업체들이 인공지능 등 첨단 기술과 융합을 위해 협업을 계획 중이며 동사는 Illumina HiSeq/MiSeq와 Roche GS-FLX/Junior 및 Ion Torrent PGM 등의 장비를 구비하고 독자 개발한 전용프로그램 CLcommunity software와 데이터베이스 그리고 분석 파이프라인을 이용하여 장내 미생물 유전체 분석을 수행하고 있다.

4

마이크로바이옴 시장동향

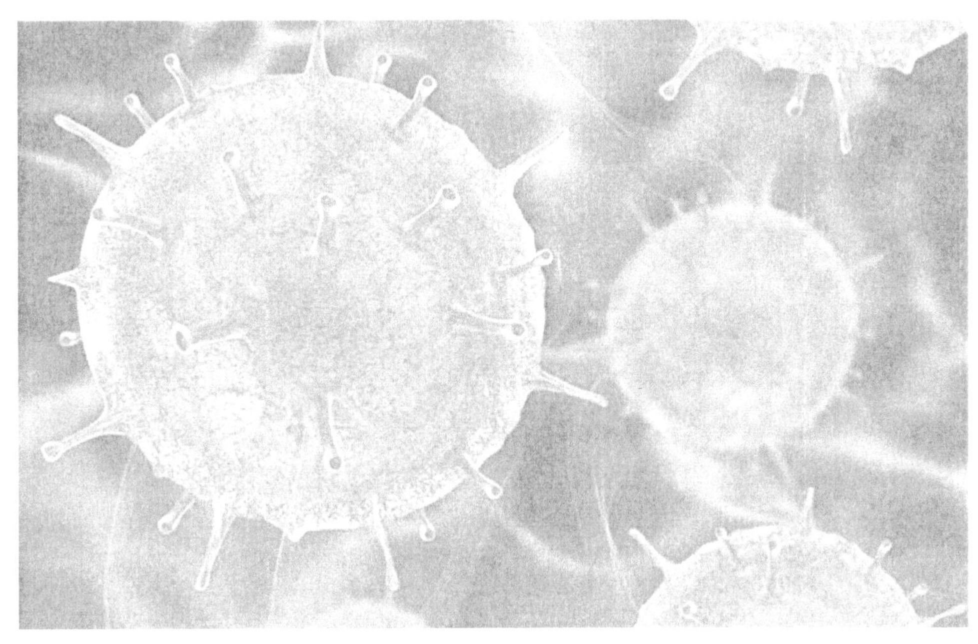

4. 마이크로바이옴 시장동향[22][23]

가. 국내·외 시장 동향

1) 해외 동향

글로벌 마이크로바이옴 시장은 2022년 1001억 달러에서 2026년까지 5년간 연평균 7.6% 성장하여 1,352.5억 달러(약 176조 원)가 될 것으로 전망된다.

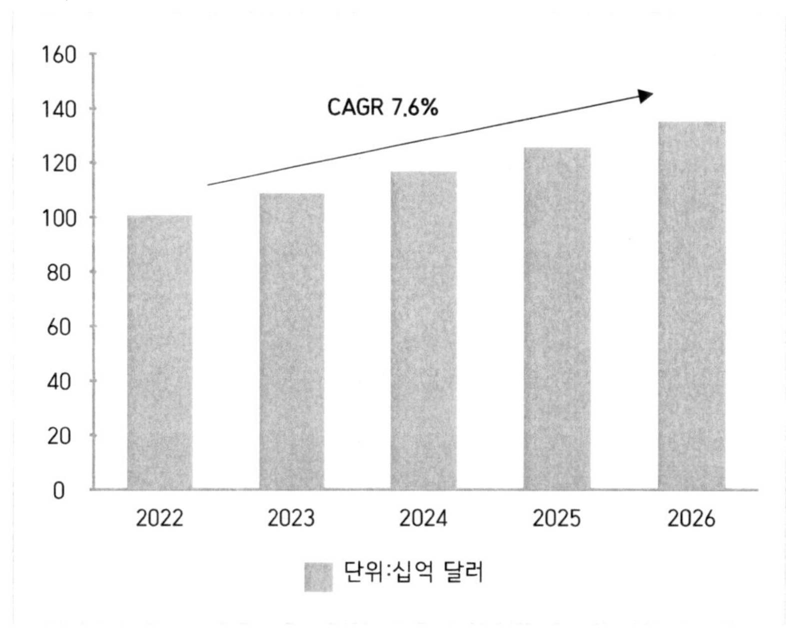

그림 21 글로벌 마이크로바이옴 시장 전망

마이크로바이옴 시장은 주요 기술, 활용 산업 등으로 구분된다. 마이크로바이옴의 시장 내 주요 기술에는 프로바이오틱스(Probiotics), 프리바이오틱스(Prebiotics), 표적 항균제(Targeted Antimicorbials)가 있다.

프로바이오틱스는 적당한 양 섭취 시 인체에 도움을 주는 살아있는 세균을 총칭하는 말로, 쉽게 말해 유익균이다. 대표적으로 락토바실러스균, 비피더스균, 엔터로콕쿠스균이 있다. 미국 시장조사업체 MarketandMarket에 따르면 세계 프로바이오틱스 시장규모는 2021년 614억 달러에서 연평균 8.3% 성장하여 2026년에는 915억 달러 규모가 될 것으로 전망된다. 세계 프로바이오틱스의 시장은 사용 목적에 따라 크게 기능성 식음료, 식이 보충제, 동물사료, 화장품 시장으로 분류된다. 2021년 기준 기능성

---

22) 마이크로바이옴이 몰고 올 혁명, 삼정 KPMG, 2020.01
23) 한국과학기술정보연구원 ASTI MARKET INSIGHT 2022-053

식음료 시장규모는 497억 달러로 가장 큰 시장을 형성하고 있으 며, 식이보충제 시장규모는 66억 달러, 동물사료용 시장규모는 44억 달러, 화장품 시장규모는 2억 7,520만 달러로 분석되었다.

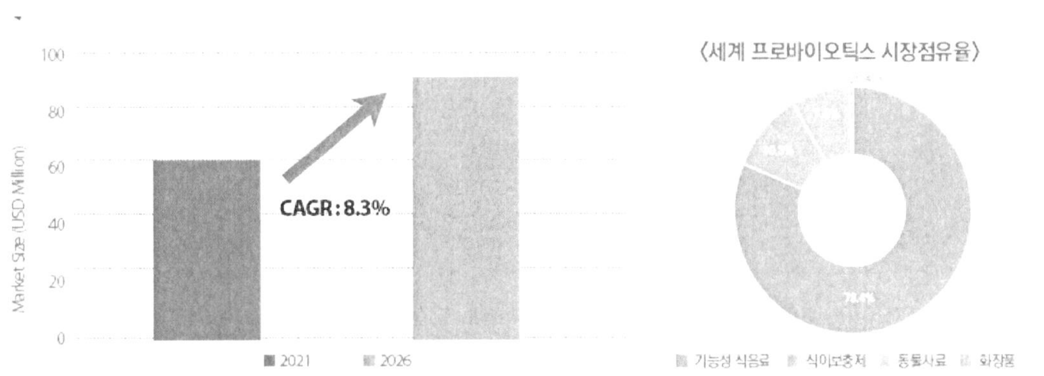

출처 : PROBIOTICS MARKET GLOBAL FORECAST TO 2026, MarketsandMarkets, (2021)
PROBIOTICS FOOD&COSMETICS MARKET GLOBAL FORECAST TO 2026, MarketsandMarkets, (2021), KISTI 재가공

그림 23 세계 프로바이오틱스 시장규모 및 전망

세계 프로바이오틱스의 시장은 아시아-태평양, 유럽, 북미지역을 중심으로 형성되어 있다. 가장 큰 시장은 아시아-태평양 지역으로 2021년 281억 달러에서 연평균 9.8% 성장하여 2026년 448억 달러 규모가 될 것으로 전망된다. 해당 지역에서는 중국과 일본이 가장 큰 시장을 형성하고 있으며, 호주와 뉴질랜드는 가장 빠르게 성장하는 시장이다. 한국은 아시아-태평양 지역에서 세 번째로 큰 시장규 모를 가지고 있으며, 2021년 43억 달러에서 연평균 13.2% 성장하 여 2026년에는 80억 달러 규모가 될 것으로 전망된다. 이외에 동남아시아, 인도 등의 개발도상국들도 인구증가와 건강 및 웰빙트렌드 의 확산으로 시장이 가파르게 성장할 것으로 예상된다.

유럽지역은 2021년 기준 135억 달러의 시장규모로 두 번째로 큰 시장을 형성하고 있다. 세계적인 식품용 종균을 판매하는 기업은 대부분 유럽에 집중되어 있으며, 식료품점, 슈퍼마켓, 약국 및 건강식품 매장에서 쉽게 프로바이오틱스 제품을 접할 수 있다.
유럽 식품시장의 중심 화두로 부상한 건강 추구 트렌드는 지속될 전망이며, 면역력에 좋은 프로바이오틱스는 계속해서 주목받을 것으로 예상된다. 북미지역은 세 번째로 큰 시장을 형성하고 있으며, 미국의 시장규모는 2021년 기준 90억 달러로 북미지역 시장 대부분을 점유하고 있다. 미국은 건강에 대한 관심의 증가와 프로바이오틱스 이점에 대한 인식의 향상으로 프로바이오틱스 식이보충제의 판매가 증가하고 있다. 프로바이오틱스 시장의 주요 국가로는 중국, 미국, 일본, 러시아, 한국, 브라질 등이 있다. 상위 6개국은 2021년 기준 전체시장의 65.7% 의 높은 점유율을 가지고 있다. 중국, 미국, 일본이 전체시장의 45%를 점유하고 있으며, 러시아, 한국, 브라질 순으로 시장을 형성하고 있다.

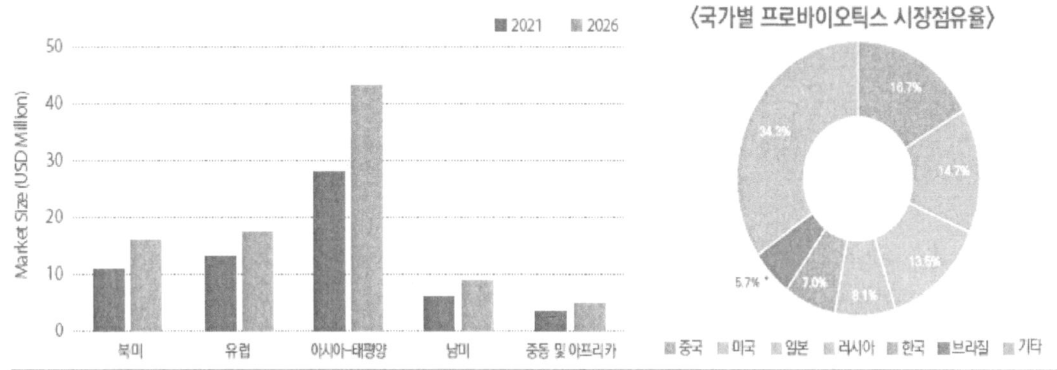

출처 : PROBIOTICS MARKET GLOBAL FORECAST TO 2026, MarketsandMarkets, (2021)
　　　PROBIOTICS FOOD&COSMETICS MARKET GLOBAL FORECAST TO 2026, MarketsandMarkets, (2021), KISTI 재가공

그림 24 세계 프로바이오틱스 지역 및 국가별 시장규모 및 전망

프리바이오틱스는 프로바이오틱스의 영양분으로서 장내 환경 개선에 도움을 주는 것을 의미한다. 프리바이오틱스는 대부분 식이섬유 형태나 올리고당류의 탄수화물로 이루어져있으며, 대표적으로 이눌린이 있다. 이와 관련, 2021년 19억 3,000만 달러 규모를 형성한 글로벌 프리바이오틱 원료 시장이 연평균 6.1% 성장을 거듭해 오는 2026년이면 25억 9,650만 달러 볼륨에 도달할 수 있을 것으로 전망된다.

표적 항균제는 항미생물제라고도 한다. 이는 미생물의 성장과 생존을 억제할 수 있는 천연·합성 화합물로, 유익균에 해가 되지 않으면서 명확하게 병원성 미생물만 목표로 삼는 기술이 핵심이다. 표적 항균제 시장은 2021년 77.8억 달러에서 2025년 119.2억 달러로 연평균 11.2%에 달하는 성장이 전망된다.

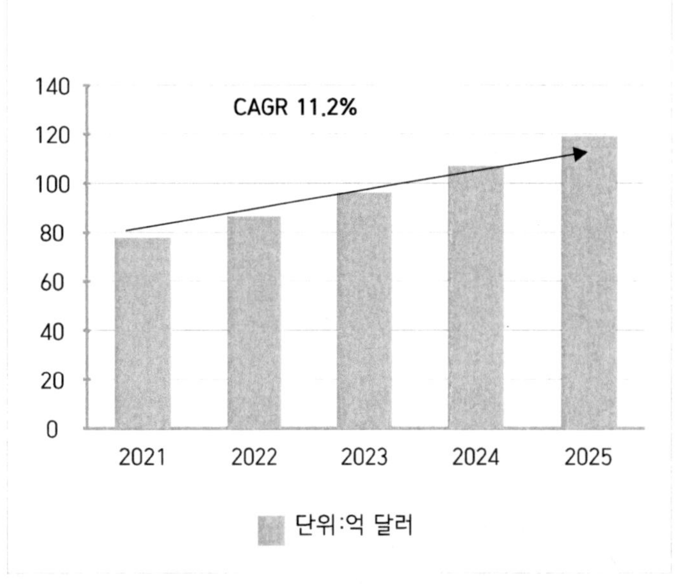

마이크로바이옴 기술은 다양한 산업에서 응용이 확장되고 있으며, 그 중 프로바이오틱스와 프리바이오틱스가 높은 매출 잠재력을 가진 것으로 분석된다.

2) 국내 동향[24][25]

2022년 기준 대한민국 마이크로바이옴 시장 규모는 아직 정확한 수치가 발표되지 않았지만, 미래창조과학부 바이오산업 보고서에 따르면 2020년 국내 마이크로바이옴 시장규모는 약 1,200억 원으로 추정되고 있다. 연평균 약 23% 성장률로 2025년 시장 규모는 3,376억 원 으로 예상된다. 이는 다양한 분야에서 마이크로바이옴 연구와 제품 개발이 이루어지고 있으며, 건강기능식품, 의약품, 화장품, 동물용 의약품 등 다양한 산업 분야에서 응용 가능성이 높은 기술로 평가되고 있기 때문이다. 국내 마이크로바이옴 시장에서는 건강기능식품과 의약품 분야가 가장 큰 비중을 차지하고 있으며, 미래에는 화장품과 농업 분야에서도 더욱 활발한 성장이 예상된다.

정부는 마이크로 바이옴을 미래유망기술로 선정하고 각 부처에서 총 242억 원 규모로 투자를 진행한다. 한국은 이미 2011년부터 EU 주도의 국제 인간마이크로바이옴 컨소시엄(IHMC, International Human Microbiome Consortium) 에 동참하고 있다. 2017년 과학기술정보통신부의 제3차 생명공학육성기본계획(바이오경제 혁신전략 2025)에서 마이크로바이옴을 미래유망기술 분야로 선정하였으며, 9개 부처가 합동으로 국가 차원의 추진방향을 정립하고 발전기반을 마련하기 위해 국가 마이크로바이옴 혁신전략을 수립하였다.

농림축산식품부는 마이크로바이옴 자원센터 구축을 추진해 실물 자원의 수집, 보존, 분석을 통해 데이터 기반 융복합 기술 개발에 활용할 수 있도록 지원할 계획이다. 2021년 8월 착공을 시작한 마이크로바이옴 자원센터는 실물 자원의 수집, 보존뿐 아니라 미생물 군집의 유전체 정보를 분석하여 데이터기반 융복합 기술 개발 등에 활용할 수 있도록 지원하는 전문 기관으로 '23년 상반기 완공하여 하반기부터 운영할 계획이다. 센터 내에는 미생물 유전체 등 분석 장비 및 초저온 보존시설, 동물실험실 등 연구 설비와 함께 기업·연구소 등이 입주할 수 있는 공간과 회의실, 전시·홍보실 등이 구축될 예정이다. 또한 '23년까지 토양·식물, 동물 분변, 식품 등에서 3,500점 이상의 미생물 시료를 수집하고 유전체 및 특성 정보를 분석해 마이크로바이옴 기초 데이터베이스를 구축하고 이후 매년 1천 점 이상 확대해 나갈 계획이다. 센터 건립 이후 이러한 자원 및 데이터를 바탕으로 유용한 기능을 지닌 미생물을 발굴해 산업계

---

24) 식의약 R&D 이슈 보고서 2022.07
25) 과기정통부, 제36회 생명공학종합정책심의회 개최작성자 국무조정실 규제혁신

에 분양하고, 데이터 공유 및 분석 도구 제공, 데이터 활용 방법 교육 등을 통해 데이터 기반 마이크로바이옴 융복합 기술 개발을 지원할 계획이다.

▌조 감 도

그림 27 마이크로바이옴 자원센터 조감도

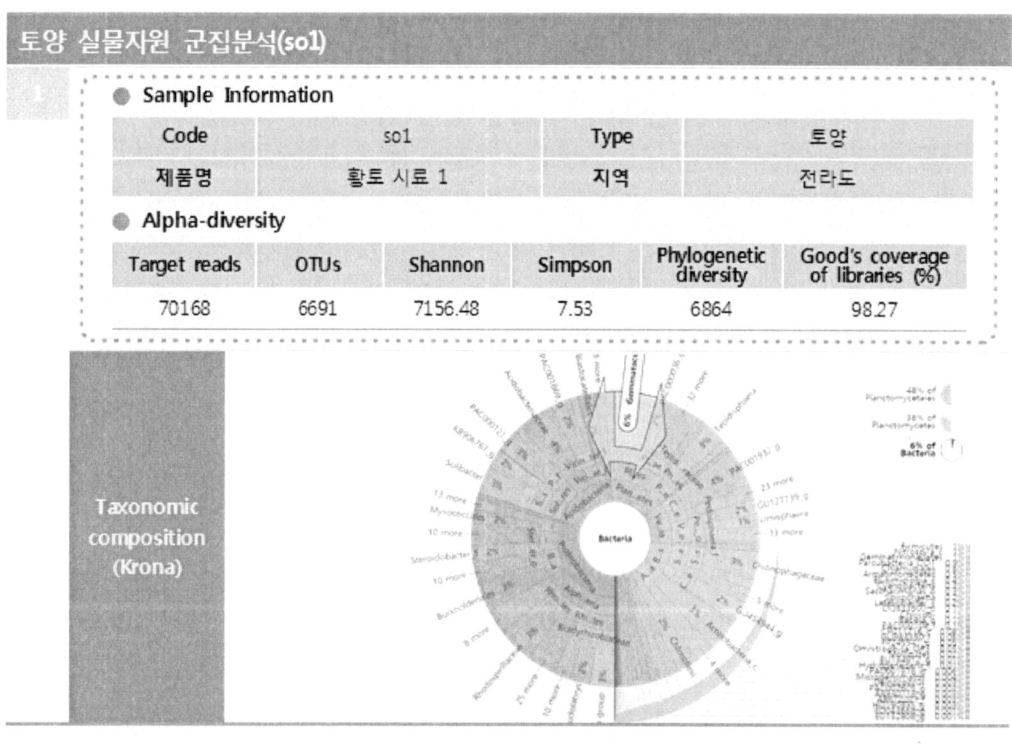

Code	so1	Type	토양
제품명	황토 시료 1	지역	전라도

Target reads	OTUs	Shannon	Simpson	Phylogenetic diversity	Good's coverage of libraries (%)
70168	6691	7156.48	7.53	6864	98.27

그림 28 마이크로바이옴 시료 군집 분석(DB) 예시

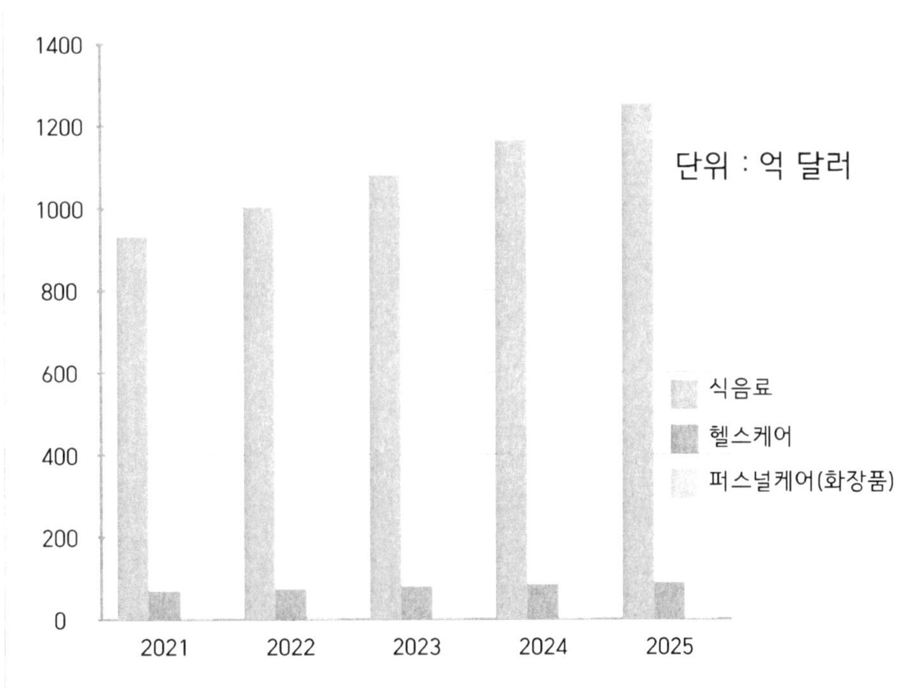

그림 29 글로벌 마이크로바이옴 산업별 시장 전망 (단위 : 억 달러)

① 식음료

식음료 시장은 2021년 931억 달러로 가장 큰 시장 규모를 형성하고 있었으며, 연평균 7.7%의 성장률을 보이며 2025년에는 1,253억 달러 규모로 성장할 것으로 예상된다. 미국, 유럽을 중심으로 프로바이오틱스를 직접 생산하고 1차 가공하여 판매·유통하는 형태로 산업이 발전했다. 현재는 기능성 식음료, 식품보조제 등에 프로바이오틱스를 첨가한 제품을 위주로 식음료 시장이 형성되어 있지만 타 영역까지 확장하며 전체 시장을 견인할 것으로 전망된다.

BioGaia(스웨덴), Lifeway foods(미국), Probi(스웨덴), Nebraska Cultures(미국) Probiotics International(영국)과 같은 중소기업은 독자적 기술개발을 통해 유익 미생물 특허를 확보하고 프로바이오틱스 시장 진출을 시도하고 있다. (네슬레) 2011년 '네슬레건강과학연구소' 설립 후 건강과 질병 이해를 위한 기초연구 및 인체 장내 마이크로바이옴 정보 기반의 건강 기능 식품 개발 추진 중이다. (* `21년 기준 세계특허기관에 출원된 마이크로바이옴 관련 특허 중 가장 많은 출원을 기록한 기업이며, 균총 분석 및 보조식품 등에 대한 특허가 다수이다. 사업 범위를 헬스케어까지 확장

---

26) 식의약 R&D 이슈 보고서 2022.07

하여 '21년 7월에는 미국의 세레즈 테라퓨틱스의 마이크로바이옴 기반 재발성 감염증 (CDI) 치료제 후보물질인 'SER-109'의 미국 및 캐나다 상업화 권리를 매입했다.)

한국은 마이크로바이옴을 통해 장 케어 등을 위한 유산균음료, 주류 등의 다양한 제품을 출시했다. (국순당, 한국야쿠르트, 뉴라이프헬스케어)

② 헬스케어

헬스케어 분야의 경우 2021년 70.3억 달러에서 2025년 90억 달러로 연평균 6.1%로 성장하면서 글로벌 제약사와 북미와 유럽의 바이오벤처들의 대규모 투자가 가장 활발히 이어지고 있다. 마이크로바이옴 기반 치료제 시장의 경우 2021년 3억 2,158만 달러 규모에서 2028년도 약 13억 3,882만 달러 규모로 증가하여 연평균 22.6%의 성장률을 나타낼 것으로 전망된다. 마이크로 바이옴 치료제 산업은 2010년 이후 급속히 발달되어 왔으며, 암, 비만, 제2당뇨, 궤양성 대장염, 크론병 등 치료제 개발이 주를 이루고 있다.

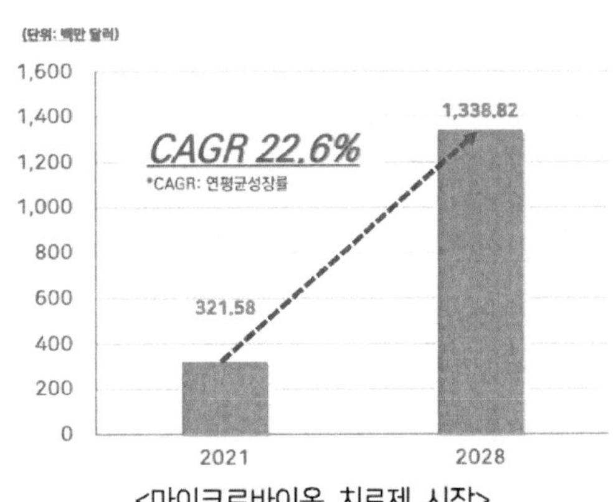

<마이크로바이옴 치료제 시장>
* 출처:Precision business insights, 2021

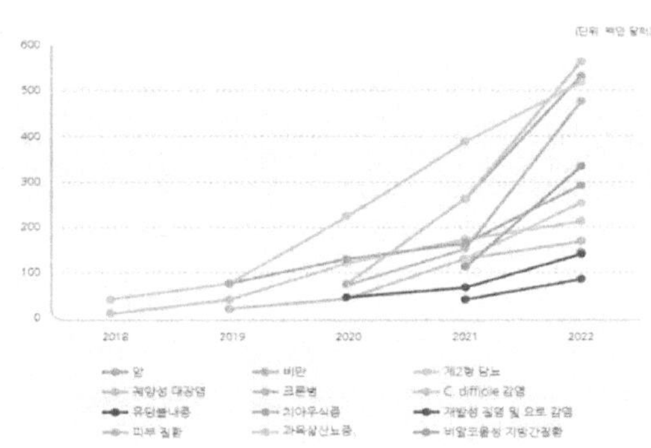
<마이크로바이옴 치료제 질병별 시장>
* 출처: Human Microbiome Based Drugs and Diagnostics Market(BCC Research, 2017)

기업	치료영역	세부분야
AOBiome	피부(dermatology)	여드름(acne vulgaris)
Osel	비뇨생식계 및 성호르몬(genito urinary system and sex hormones)	요로감염(urinary tract infections)
OxThera	비뇨생식계 및 성호르몬(genito urinary system and sex hormones)	원발성 과옥살산뇨증(primary hyperoxaluria)
Rebiotix (Ferring Pharmaceuticals)	감염질환(infectious disease) / 위장(gastrointestinal)	C. difficile 감염(Clostridium difficile infections) / 감염성 설사(infections)
Seres Therapeutics	감염질환(infectious disease)	C. difficile 감염 (Clostridium difficile infections)

표 4 마이크로바이옴 치료제 시장 세부분야

마이크로바이옴에 대한 이해와 깊이의 폭이 넓어지면서 이를 기반으로 치료제의 스펙트럼이 확장되는 추세이다. 현재 다수의 글로벌 기업들은 감염질환, 피부질환, 위장관질환, 암, 희귀질환, 신경질환, 대사질환 등에 관련 연구를 지속적으로 추진하고 있으며, 시장선점을 위한 제품군 영역을 확대하고 있다. 최근 제약사들은 오픈이노베이션 전략을 이용하고 스타트업과의 파트너십을 통해 마이크로바이옴 치료제를 개발 중이다. 이는 대형제약사에서 마이크로바이옴 치료제 분야의 신규 사업으로 영역을 확장하기보다, 자사의 제품에 타사의 기술을 활용해 보완 또는 개선을 하는 방식의 접근이 활발하게 이루어지고 있다.

<글로벌 주요기업 마이크로바이옴 활용 치료제 개발 현황>

* 출처: BCC Research, Frost&Sullivan, 한국바이오경제연구센터 재구성

미국 uBiome사는 일반인을 대상으로 장내 마이크로바이옴 정보 기반 SmartGut(the first sequencing-based clinical microbiome screening test) 서비스를 시작하였다.

*분변 시료로부터 시퀀싱을 수행하여 배탈, 변비, 설사, 염증성 장 질환, 과민성 대장 증후군과 같은 일반적인 장 관계 증상들과 관련된 장내 미생물을 검출하며, 마이크로바이옴 다양성 등 다양한 지표에 대한 정보제공

국내는 스타트업을 중심으로 마이크로바이옴 관련 기술개발이 진행되고 있다.

- 제노포커스(GenoFocus)는 백신, 농약 균주, 의약용/산업용 맞춤형 효소의 개량 생산 전문기업으로 최근 균주개량을 통해 장에서 항산화효소를 분비 발현시키는 치료제를 개발하였으며, 미국 FDA의 안전원료 인증을 받았다.

- 고바이오랩(KoBioLabs)은 자가면역질환, 대사질환, 신경질환, 신장질환을 타깃으로 하는 단일 균주로 구성된 치료제 후보물질을 개발 중이며 임상 준비 단계이다.

- 지놈앤컴퍼니(Genome&Company)는 2021년 586억 원 규모의 Series A 투자를 받았으며 면역항암제 분야를 비롯해 폐암, 결장암, 위암, 유방암, 췌장암 치료제 후보물질을 개발 중이다.

- 우리바이옴은 중증감염질환과 암, 기타질환을 적응증으로 마이크로바이옴을 통해 질병을 진단할 수 있는 qPCR분자진단키트(체외진단기기)를 개발 중이다.

또한, 마이크로바이옴 관련 연구에 관한 대기업의 적극적인 투자도 본격화되고 있다.

- CJ제일제당은 마이크로바이옴 앵커기업인 천랩을 인수하였으며, CJ바이오사이언스를 출범하여 마이크로바이옴 빅데이터 플랫폼으로서 분석·진단 서비스와 질병 치료 솔루션을 제공

- 종근당은 프로바이오틱스와 마이크로바이옴 관련 생산시설을 갖추는 데 285억 원을 투자했으며, 87개 연구개발 파이프라인을 가동해 혁신적인 신약 개발에 몰두 중

- 일동제약은 정신질환 치료제를 개발하기 위한 기초연구를 시작하고 신약개발을 위한 공동 연구소를 건립

③ 화장품

가장 빠른 성장률을 보이는 것은 화장품을 포함한 퍼스널케어로 고령화와 웰빙의 소비 트렌드와 맞물려 2022년 3.8억 달러에서 2025년 6.7억달러로 연평균 19.6% 성장이 예상된다. 마이크로바이옴은 노화방지, 피부 및 모발관리 등에 도움이 되어 많은 신규 화장품 회사나 기존의 대형 화장품 회사의 신제품 개발에 적극 활용되고 있다. 또한, Frost & Sullivan에 따르면 마이크로바이옴 기반 퍼스널케어 시장(피부와 모발, 두피 관리 시장으로 구성)의 규모는 2022년 3억 7385만 달러에서 연평균 20.1%로 성장해 2025년 6억 7,488만 달러에 이를 것으로 예상된다.[27]

 마이크로바이옴이 차세대 유망한 스킨케어 화장품 소재로 주목받으면서 뷰티업계는 스킨케어뿐만 아니라 헤어케어와 바디케어등 전 분야에서 마이크로바이옴 연구기술을 활용한 신제품을 출시했다.

- (랑콤) 전 세계 연구센터와 함께 마이크로바이옴을 연구하고 있으며 '19년 6월 프랑스 파리에서 '스킨케어 심포지엄'을 개최하여 환경오염과 노화가 마이크로바이옴에 미치는 영향에 대한 연구 결과 등을 발표

*일본 와세대 대학교의 하토리 교수와의 협업에서 마이크로바이옴이 나이에 따라 변화한다는 것을 발견, 나이가 들수록 38개의 다른 박테리아 종이 발견되는 연구결과 발표

 *홍콩시티대학(City Univ. of Hongkong)의 패트릭 리(Patrick Lee) 교수와의 협업을 통해 환경오염은 피부 노화를 가속하는 대표적인 요소이며, 환경오염이 심한 곳에 거주하게 되면 '큐티박테리움(Cutibacterium)' 박테리아가 줄어들고 바이크로바이옴이 변형될 수 있다는 것을 발견

표 7 국외 마이크로바이옴 화장품 시장

---

27) 피부 마이크로바이옴 기반 화장품 및 치료제 산업 동향, 한국바이오협회, 2020.11

- 국내에서는 마이크로바이옴을 활용한 노화 억제 화장품 다수 출시하였다.

- 프로바이오틱스와 관련된 제품이 증가하고 있으며, 국내 업체가 세계 최초로 마이크로바이옴 화장품 개발
· (코스맥스) 노화를 억제하는 마이크로바이옴 항노화 유익균을 세계 최초로 발견하여 국제학술지에 게재(2018, Nature Communication Biology), 해당 연구결과를 바탕으로 마이크로바이옴 화장품을 개발
  *'22년 3월 코스맥스는 실제 피부 환경 시스템을 모사한 새로운 배양법을 통해 '2세대 피부 마이크로바이옴'을 발견하고, 이를 활용한 제품 출시 예정

· (다모생활건강) 마이크로바이옴을 활용한 샴푸 개발을 통해 일반적인 샴푸에 기능성을 추가한 새로운 영역의 건강관리제품 출시
  *천연소재 물질 추출에 미생물을 이용하여 생체온도 36.5도에서 신속한 분배 배양이 가능하고, 분해과정에서 인터페론과 같은 생리활성대사물질이 만들어지는 과정을 통해 상피세포 손상이 최소화되는 마이크로바이옴 샴푸를 개발

- 이외에도 아모레퍼시픽, LG생활건강, 한국콜마, 리더스코스메틱 등 국내 기업에서 마이크로바이옴을 활용한 화장품 연구개발 및 출시가 활발
-
· (아모레퍼시픽) '10년 제주 유기농 녹차로부터 식물성 녹차 유산균주를 발견하는 연구 성과를 얻었으며, '20년 2월 자사의 기술연구원에 녹차유산균 연구센터를 신설하여 마이크로바이옴을 활용한 제품 개발을 지속할 예정
· (LG생활건강) 엘라스틴, 닥터그루트 등 기존 제품 라인에 기능성 마이크로바이옴을 추가해 혁신 제품으로서 출시했으며, 글로벌 시장에서의 경쟁력 제고를 위해 '22년 5월 일본 홋카이도에 마이크로바이옴 화장품 연구개발 센터 설립
· (한국콜마) '20년 8월 종합기술원에 바이옴 연구소를 신설해 관련 연구를 진행하고 있으며, 유산균 사균체에 리포좀 기술을 적용한 제품 출시
· (리더스코스메틱) 포스트바이오틱스의 배합을 통해 유익균의 대사산물로 체내 흡수율을 높이고 피부의 균형을 맞추는 기능성 화장품 출시

표 8 국내 마이크로바이옴 화장품 시장

④ 기타
 공기정화기술은 좋은 공기에 대한 소비자의 니즈가 증가하면서 부상하고있는 분야로 프로바이오틱스를 이용한 친환경 기술이 주목을 받고 있다.

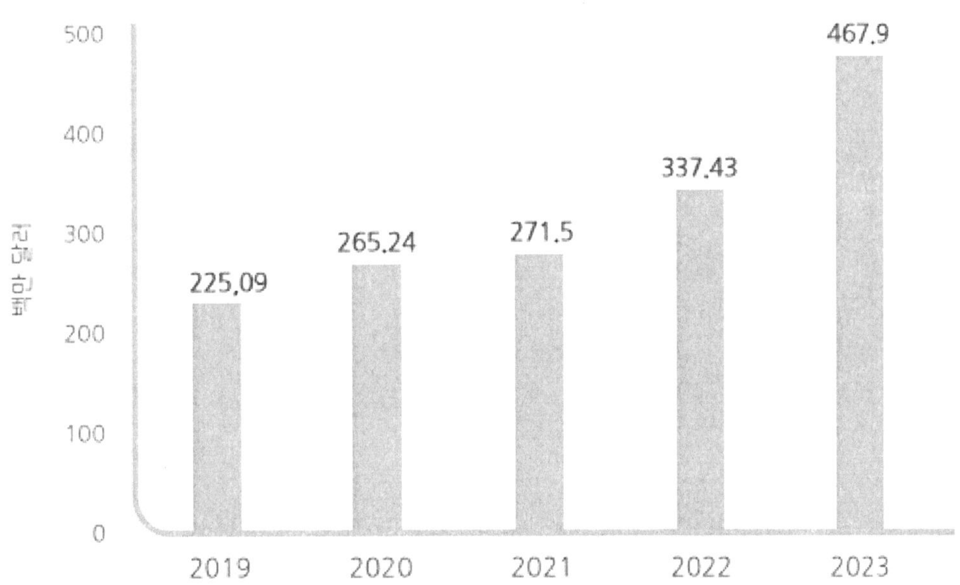

[그림 32] 마이크로바이옴 기반 피부와 모발, 두피 관리 세계 시장 규모 전망,
2019-2023년

 한 예로서 독일 프리미엄 차량관리 브랜드 소낙스(SONAX)가 유산균으로 차량의 에어컨/히터 시스템을 깨끗하게 정화시키는 신개념 탈취제, '소낙스 프로바이오틱스 에어컨/히터 탈취제'를 국내 출시했다. 소낙스 프로바이오틱스 에어컨/히터 탈취제는 시중에 나와있는 기존 제품과 달리 화학적이 아닌 생물학적인 접근으로 인체에 미칠 수 있는 악영향을 최소화 한 기술로, 유산균(프로바이오틱스) 성분이 차량의 에어컨/히터 시스템에 서식하여 악취를 생성하는 곰팡이와 박테리아를 제거할 뿐만 아니라, 공기 중에 머무르는 미세먼지에 함유된 수 많은 유해 세균이 다시 생성하지 못하도록 억제한다. 자동차 에어컨/히터 시스템은 세균과 박테리아가 번식하기 쉬운 습한 공간으로 심한 경우 인체에 알레르기를 유발하여 운전자의 건강을 위협하기도 한다. 따라서 정기적으로 에어컨/히터 필터를 교체해줘야 할 뿐만 아니라, 유해 세균과 박테리아가 번식하지 않도록 꾸준한 관리가 필요하다. [28]

---

28) 소낙스 신제품 에어컨/히터 탈취제 출시…"프로바이오틱스로 공기도 건강하게" / 파이낸스 투데이

다. 지역별 시장 동향

지역별 시장 규모를 살펴보면, 북미 시장은 2021년 약 24억 달러에서 연평균 19%로 성장해 2028년까지 78억 달러로 전망된다. 북미 지역 시장은 세계에서 가장 큰 규모로 세계 시장을 지속적으로 리딩하고 있다. 소비자들이 건강한 라이프스타일에 대한 관심이 높아지면서 마이크로바이옴 제품 수요가 크게 증가하고 있기 때문이다. 또한 식품 및 음료 산업에서의 마이크로바이옴 활용이 확대되면서 이 시장의 성장세가 더욱 가속화 되고 있다.[29]

그 다음으로 유럽은 2021년 기준 약 14억 달러에 이르며 2028년까지 연 평균 19%의 성장률로 51억 달러까지 성장할 것으로 전망된다, 이 지역에서도 건강에 대한 관심이 높아지며 지속적으로 제품수요가 증가하고 있다. 유럽 지역에서는 식물성 기반 식품 제품군에서의 마이크로바이옴 활용이 더욱 확대될 것으로 보인다.[30]

아시아 지역 마이크로바이옴 시장 규모는 2021년 기준으로 약 6억 달러에 이르며, 2028년까지 연평균 약 19%의 성장률로 24억 달러까지 성장할 것으로 예측되고 있다. 특히, 일부 아시아 국가에서는 마이크로바이옴 제품에 대한 관심이 높아지면서 해당 시장이 큰 폭으로 성장하고 있다.[31]

---

29) "North America Microbiome Market by Product (Consumables, Instruments, Sequencing & Services), Application (Therapeutic, Diagnostic), Disease (Infectious Disease, Cancer), Technology (Sequencing, Microbial Culturing), Country - Forecast to 2028"
30) Mordor Intelligence, "Europe Microbiome Market - Growth, Trends, COVID-19 Impact, and Forecasts (2021 - 2026)"
31) "Asia-Pacific Microbiome Market Forecast to 2027 - COVID-19 Impact and Regional Analysis by Product ; Application ; Type ; Disease ; Research Type, and Country"

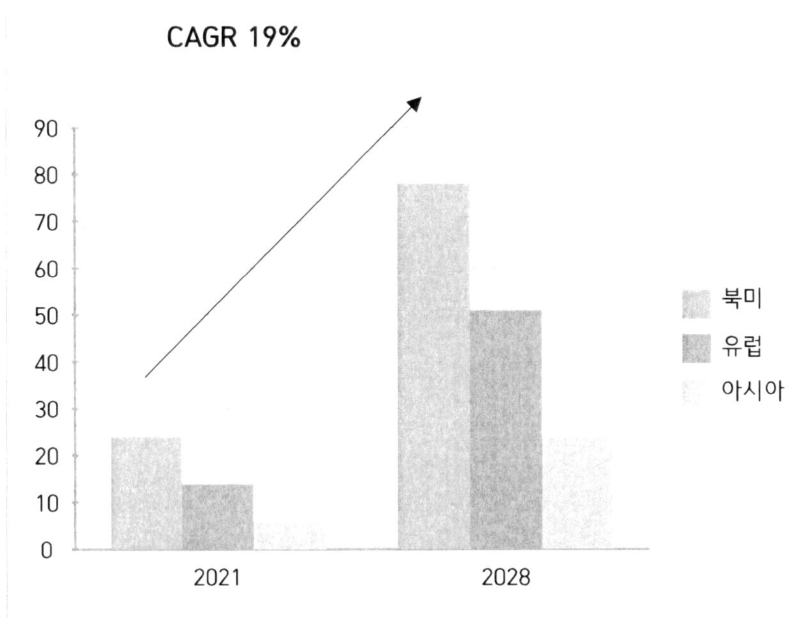

그림 33 지역별 시장 동향 (단위 : 억 달러)

라. 마이크로바이옴 시퀀싱 시장 동향[32]

마이크로바이옴은 특정 환경에 존재하는 모든 미생물들의 총합으로 정의되며, 마이크로바이옴 시퀀싱(sequencing, 염기서열분석)은 이러한 미생물 군집의 DNA 염기서열을 분석하는 것을 의미한다.

2000년대 이후 차세대 염기서열 분석기법(NGS; Next-Generation Sequencing)을 통해 메타게놈(metagenome)[33]을 연구하는 메타게노믹스(metagenomics)가 가능해졌다. 이를 통해, 각 미생물을 분리 배양해서 파악하는 것이 아니라 유전자 수준에서 미생물 군집을 분석할 수 있게 되면서 마이크로바이옴 시퀀싱이 가능해졌다.

마이크로바이옴 치료에 대한 관심 증가, 국가적 차원의 노력 증가, 마이크로바이옴 연구에 대한 많은 자금 지원 및 조기 질병 진단을 위한 연구 프로그램 증가로 인해 마이크로바이옴 시퀀싱 시장이 성장하고 있다. 최근에는 COVID-19 치료를 위한 임상시험에서 마이크로바이옴 시퀀싱 기술이 사용되고 있다.

BCC Research에 따르면 마이크로바이옴 시퀀싱 시장규모는 2021년 8억 5,940만 달러 규모로 집계되었고 2031년도에는 34억 1,709만 달러 규모에 이를 것으로 예상된다. 2022년부터 2031년까지 연평균 14.8% 성장할 것으로 예상된다.

마이크로바이옴 시퀀싱 시장(8억 8,500만 달러)을 지역별로 나누어 보면, 북미가 3억 7천만 달러(41.8%)로 가장 높은 시장 점유율을 차지하고 있고 유럽과 아시아·태평양이 각각 2억 1,900만 달러(24.7%), 1억 8,300만 달러(20.6%)를 차지하고 있어 3개 지역이 전체 세계시장의 7억 7,200만 달러(87.1%)를 차지한다.

---

32) 마이크로바이옴 시퀀싱 (Microbiome Sequencing) 산업 현황, 한국바이오경제연구센터, 2017.06
33) 미국의 Handelsman 박사가 처음 사용한 용어로 '환경 시료에 존재하는 모든 유전체의 집합'을 일컬음

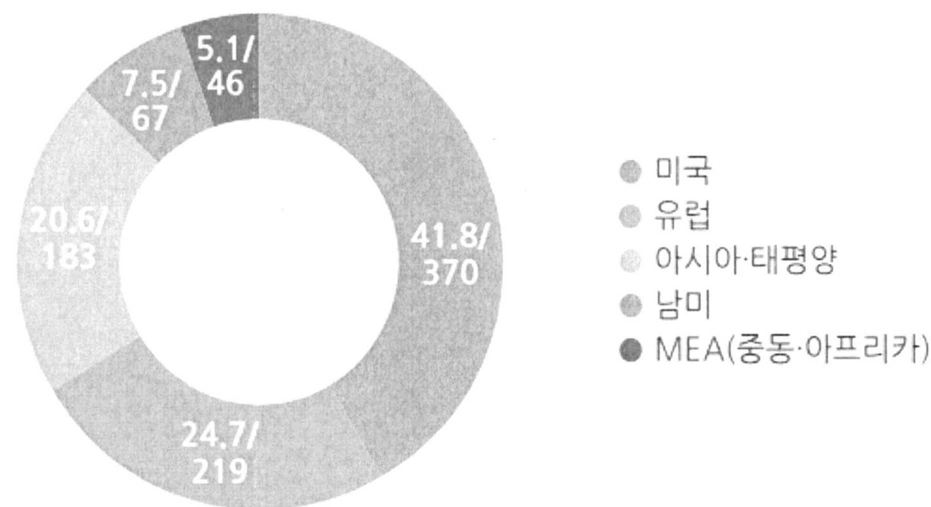

[그림 35] 마이크로바이옴 시퀀싱 지역별 시장점유율/시장가치
(단위: %/ 백만 달러(USD))

마이크로바이옴 시퀀싱(Microbiome Sequencing) 시장의 사용자는 학술연구기관, 바이오·제약회사, CRO, 그 외(식품·음료)부분으로 구성된다.

사용자(End User)	2017	2018	2023	CAGR(%) 2018-2023
학술연구기관 (Academic centers and research institutes)	287	336	769	18
바이오·제약 회사 Pharmaceutical and biotechnology	234	276	653	18.8
CRO (Contract Research Organizations)	166	195	455	18.5
그 외(식품·음료)	68	78	163	15.9
총	755	885	2,040	18.2

[표 9] BIO 한국관 참가기업/기관 품목 (단위: 백만 달러(USD))

① 학술연구기관

학술연구센터와 연구기관은 마이크로바이옴 기술의 성장에 적극적으로 기여하고 있다. 마이크로바이옴을 연구하는 대표 연구기관 중 하나는 1989년에 설립된 National Human Genome Research Institute(NHGRI, NIH의 일부)다. 이 기관은 인간 유전체의 30억개 DNA 염기쌍의 분석을 목적으로 Human Genome Project를 수행했고 2003년 4월에 완수했다.

기관명	위치
The University of Chicago	Chicago, Ill. U.S.
The American Microbiome Institute	Mass. U.S.
Baylor College of Medicine	Texas. U.S.
Janssen Human Microbiome Institute	Mass. U.S.
Stanford University	Calif. U.S.
J. Craig Venter Insitute	Calif. U.S.
Lawson Health Research Insitute	Ontario, Canada
Karolinska Institute	Sweden, Europe
European Bioinformatics Institute(EMB-EBI)	Cambridgeshire, UK
APC Microbiome Institute	Cork, Ireland
TNO (Netherlands Organization for Applied Scientific Research)	The Hague, Netherlands
Radboud University	Nijmegen, Netherlands
The University of Sydney	New South Wales, Australia
St. George & Sutherland Medical Research Foundation	New South Wales, Australia
Chinese University of Hong Kong	Hong Kong, China
CSIR-Institute of Microbial Technology(ImTech)	Chandigarh, India
Pondicherry University	Puducherry, India

[표 10] 마이크로바이옴 사용자(End User)별 글로벌 시장

② 바이오·제약회사 마이크로바이옴 프로젝트 파트너십

마이크로바이옴 기업과 제약사 간의 마이크로바이옴 시퀀싱에 대한 파트너십이 마이
크로바이옴 시퀀싱 시장에 영향을 주고 있다.

연도	회사1	회사2	파트너십 설명
2018년 6월	Genentech Inc.	Microbiotica Ltd.	Genentech Inc.와 Microbiotica Ltd는 IBD를 위한 미생물 기반 치료법 및 바이오 마커를 발견, 개발 및 상업화하기 위해 협력. 파트너십 하에, Microbiota는 Genentech의 IBD 치료 후보자 임상 시험의 환자 샘플을 분석
2018년 5월	Lodo Therapeutics Corporation	Genentech Inc.	Genentech Inc. 와 Lodo Therapeutics Inc. 는 독점적인 게놈 마이닝 및 생합성 클러스터 어셈블리 플랫폼을 사용하여 파트너십 구축. Genentech Inc.는 암 치료 및 약물 내성 치료에 잠재적 치료법으로 새로운 화합물을 확인할 수 있게 됨
2017년 7월	Nestle Health Science	Enterome SA	Nestle Health Sciences는 Enterome SA 와 협력하여 마이크로바이옴 기반 진단법을 개발하고 상품화함. 이 제휴는 간 질환 및 IBD와 같은 광범위한 건강 문제에 대한 치료 방법 변형을 목표로 함. Enterome SA사와 공동개발한 Microbiome Diagnostics Partners(MDP)사는 손상된 점막을 진단하고 관리하는 장내 미생물 기반 바이오 마커 'IBD 110'과 비알코올성 지방간염(NASH)의 생체지표인자들을 진단하는 'MET210' 바이오 마커를 보유하고 있음
2016년 2월	AbbVie Inc.	Synlogic Inc.	Synlogic Inc.는 IBD를 위한 새로운 치료법을 개발하기 위해 AbbVie Inc.와 파트너십을 체결함. 이 협약은 IBD와 관련하여 생물학적 후보 물질을 설계하기 위해 체결. 이를 통해 AbbVie Inc.는 궤양성대장염(Ulcerative Colitis)과 크론병(Crohn's disease)을 대상으로 하는 환자의 미생물로 만들어진 경구용 약물을 개발할 수 있게 됨
2014년 5월	Second Genome	Pfizer	Second Genome 은 Pfizer Inc. 와 파트너십을 맺어 신진 대사 및 비만 질환에 대한 새로운 통찰력을 얻기 위한 관찰 연구에서 광범위한 미생물 연구를 수행 했음.

[표 11] 바이오텍 및 제약회사의 마이크로바이옴 프로젝트 파트너십 주요 사례

③ CRO

마이크로바이옴 시퀀싱 CRO 시장 현황을 살펴보면, 2021년 3억 2,300만 달러 규모로 집계된 마이크로바이오 시퀀싱 시장규모는 2027년도에는 8억 8,800만 달러 규모에 이를 것으로 예상된다.

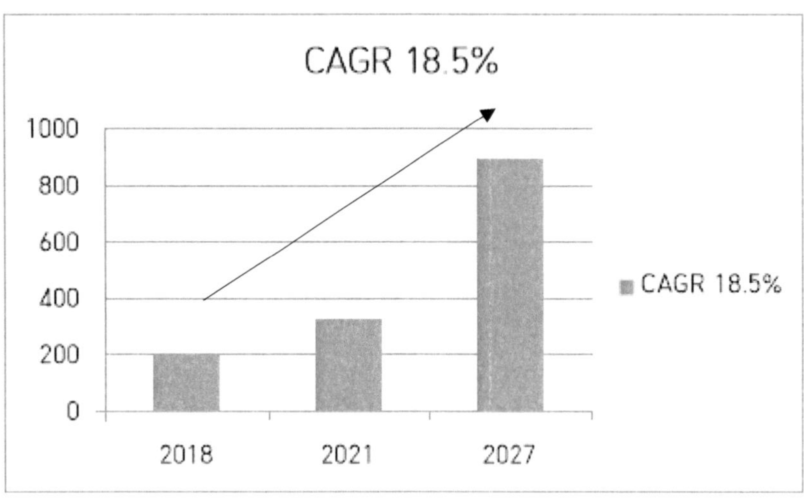

그림 36 마이크로바이옴 시퀀싱 CRO 시장 규모 전망 (단위 : 백만
달러(US)

④ 그 외(식품·음료 회사)

식품·음료 회사는 장내 마이크로바이옴의 균형을 유지하고 보조제를 통해 면역계를 개선했다. 대표적으로 Microbiome Therapeutics, LLC는 2018년 4월 임상을 마친 보조식품 BiomeBliss를 출시했다. 이 제품은 건강한 위장관(GI) 마이크로바이옴 형성을 도와주는 것으로 나타났다.

5

마이크로바이옴 기술 동향

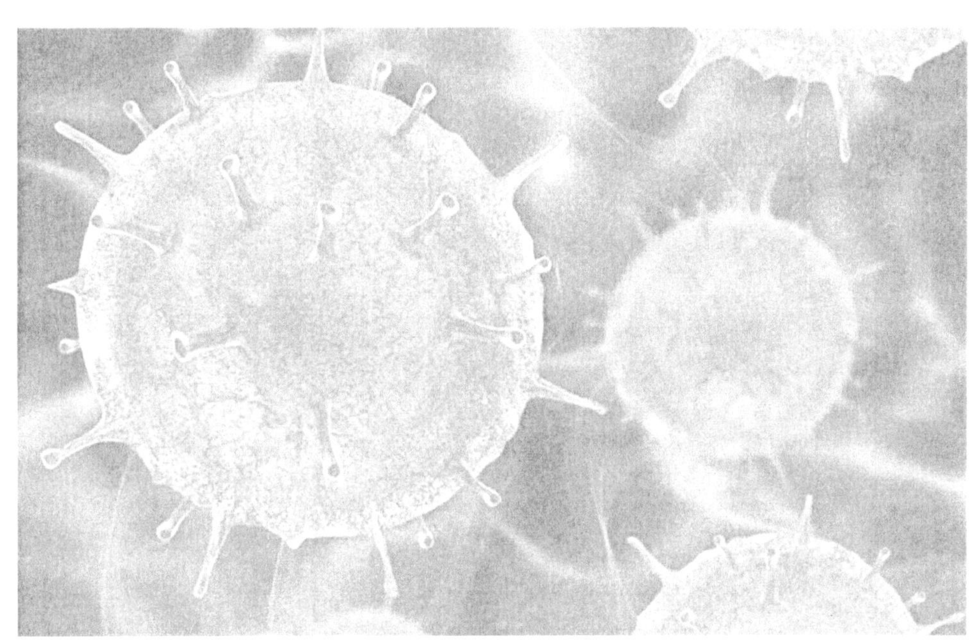

5. 마이크로바이옴 기술 동향

먼저 마이크로바이옴 연구 동향을 살펴보자면, 다양한 컨소시엄을 통해 크고 작은 마이크로바이옴 프로젝트가 전 세계적으로 진행되었다.[34]

국가	프로젝트&컨소시엄	연도(규모)	목적
미국	Human Microbiome Project -Phase I (HMP1)	2007-2013	• 참조 유전체 서열 데이터베이스 구축 (portal.hmpdacc.org) • 연구 방법론 개발 및 공개
	Integrative Human Microbiome Project (iHMP)	2014-2016	• 코호트 연구를 중심으로 메타데이터, 오믹스 데이터베이스 구축
	American Gut Project(AGP)	2012-	• 개인이 키트(BBL, $99)를 구매해 검체 채취 후 우편으로 연구소로 배달하는 최대 규모의 시민 참여 연구 • BGP와 함께 The Microsetta Initiative에 포함
	National Microbiome Initiative(NMI)	2016-	• 다양한 생태계의 미생물 유전체 지도 작성과 미생물이 인체에 미치는 영향 연구
	MicroBiome Quality Control (MBQC) project	2013-	• 16개 팀의 주도로 검체 수집과 분석에 관한 표준 프로토콜 수립
유럽·중국	METAgenomics of the Human Intestinal Tract (METAHIT)	2008-2012	• 8개국 15개 연구기관 참여, 330만 개의 세균 유전자 카탈로그 제작, 3가지 인체 장유형(enterotype) 정립 • 염증성 장질환(IBD)과 비만 연구
유럽 (Horizon 2020)	MyNewGu	2013-2017	• 장내 마이크로바이옴과 인체 건강, 식습관과의 관계 연구
	MetaCardis	2012-2017	• 장내 마이크로바이옴과 인체 건강, 심장질환 영향 연구
	MicrobiomeSupport project	2018-2022	• 1,500개 연구기관과 8,000여개 마이크로바이옴 프로젝트 B 구축 및 정보 교환
	ONCOBIOME	2019-2023	• 암 연관 장내 마이크로바이옴 코호트 연구
	MICROB-PREDICT	2019-2025	• 간 질환 연관 장내 마이크로바이옴 데이터 연구
	GEMMA	2019-2023	• 혈액, 분변, 소변, 타액 검체은행 설립, 장내 이크로바이옴 분석을 통한 자폐 범주성 장애(ASD) 연구

[표 12] 국가별 주요 마이크로바이옴 연구

---

34) 구강 마이크로바이옴 연구 동향, BRIC View 동향, 2021

국가	프로젝트&컨소시엄	연도(규모)	목적
캐나다	Canadian Microbiome Initiative (CMI)	2007-2014	• 12개 연구팀 1년 파일럿 연구 지원 • 7개 연구팀 5년 전향적 연구 지원
	Canadian Microbiome Initiative 2 (CMI2)	2019-2024	• 예방과 치료, 인과 관계 연구
	Integrated Microbiome Platforms to Advance Causation Testing and Translation (IMPACT)	2020-	• 다학제 간 마이크로바이옴 인과 관계 연구와 중개 연구
일본	Human MetaGenome Consortium Japan (HMGJ)	2005-	• 인체와 포유류 마이크로바이옴 데이터 수집, 분석, 공유 • MicrobeDB.jp 데이터베이스 운영
	Japanese Consortium for Human Microbiome (JCHM)	2014-	• 일본인 고유의 장내 마이크로바이옴과 질병 마커 연구
프랑스	MicroObes	2008-2010	• 장내 마이크로바이옴과 비만 연구
	MetaGenoPolis (MGP)	2012-2019	• 비감염성 질환과 장내 마이크로바이옴의 상관 관계 연구
오스트레일리아	Australian Urogenital Microbiome Consortium	2008	• 오스트레일리아인 비뇨기 관련 마이크로바이옴 연구
	Australian Jumpstart Human Microbiome Project	2009-	• 오스트레일리아인 고유의 장내 마이크로바이옴 분석
중국	Meta-GUT	2008-	• HIMC 프로젝트의 일환. 장내 마이크로바이옴 연구
싱가포르	Human Gastric Microbiome Project	2008-	• HIMC 프로젝트의 일환. 장내 마이크로바이옴 연구
영국	British Gut Project (BGP)	2013-	• 미국의 AGP와 동일한 방식으로 진행 • The Microsetta Initiative에 포함
	Quadram Institute (QI)	2018	• 마이크로바이옴 중점 연구기관 설립 후 바이오기술 및 과학연구위원회(BBSRC), 식품연구소(IFR), 노포크, 노르위치종합병원(NNUH)의 투자 유치
아일랜드	ELDERMET	2008-2013	• 노인 대상 식습관, 장내 마이크로바이옴과 건강 상관성 분석
한국	Korean Microbiome Diversity Using Korean Twin Cohort Project	2010-2015	• 인체의 질병 연관 마이크로바이옴과 한국인 고유의 마이크로바이옴 연구
	Korean Gut Microbiome Project		• 한국인 장내 마이크로바이옴 연구

[표 13] 국가별 주요 마이크로바이옴 연구

국가	프로젝트&컨소시엄	연도(규모)	목적
국제	International Human Microbiome Consortium (IHMC)	2008	• 캐나다의 주도로 한국을 포함한 13개국 참여 • HMP와 METAHIT 데이터 공유, 연구 표준화 논의
	Million Microbiome of Humans Project (MMHP)	2019-	• 중국, 스웨덴, 덴마크, 프랑스, 라트비아 • 백만 개 이상의 검체를 분석해 세계 최대 규모 인체 마이크로바이옴 DB 구축
	Earth Microbiome Project (EMP)	2010-	• 전 세계적으로 160개 이상의 기관, 500개 이상의 연구팀이 모여 지구의 미생물 지도를 작성 • 데이터베이스 구축(Qitta)

[표 14] 국가별 주요 마이크로바이옴 연구

가. 휴먼 마이크로바이옴[35]

1) 구강 마이크로바이옴[36]

구강에서 발견된 미생물은 현재까지 약 700종 이상으로 파악되고 있다. 구강 마이크로바이옴은 주로 부위별(타액, 입술, 혀, 점막, 치은열구(gingival sulcus), 치아 표면, 잇몸, 입천장, 치은연하치태(subgingival plaque), 치은연상치태(supragingival plaque) 또는 구강액 전체를 이용해 메타지놈 연구를 수행한다. 구강과 연결된 확장 부위로써 편도, 목구멍, 인두(pharynx), 유스타키오관(Eustachian tube), 중이(middle ear), 기도(trachea), 폐, 콧구멍, 부비강(sinuses)을 포함하기도 한다.

The Forsyth Institute는 구강 마이크로바이옴 유전 정보 축적을 위해 NIH의 지원으로 Human Oral Microbiome Database (HOMD)를 구축했으며, 2015년도부터는 Harvard Catalyst의 추가 지원을 통해 구강의 확장된 부위를 포함한 expanded HOMD (eHOMD)를 운영하고 있다. 이 외에도 특별한 목적의 크고 작은 데이터베이스를 구축하고 있는 여러 기관들이 있다.

---

35) 프로바이오틱스의 진실과 허구, BRIC View, 2020
36) 구강 마이크로바이옴 연구 동향, BRIC View 동향, 2021

데이터베이스	호스트(기관)	설립	내용
Expanded Human Oral Microbiome Database (eHOMD)	The Forsyth Institute	2008	• 687종 미생물(HOMD) + 88(expanded version) • 상기도와 일부 하기도 검체
Core Oral Microbiome (CORE)	Ohio Supercomputer Center	2011	• 구강 상주 주요 마이크로바이옴을 종(species)과 속(genus) 수준의 계통발생학 중심으로 분류
MicrobiomeDB	University of Pennsylvania (PennVet)	2017	• VEuPathDB 프로젝트의 일부로 종간 공유, 종특이적 구강 마이크로바이옴 DB 구축
Human Oral Genomic and Metagenomic Resource (Oralgen)	Los Alamos National Lab	2019	• 구강 마이크로바이옴의 메타지놈 서열 • The Forsyth Institute의 파일럿 그랜트 지원
Forensic Microbiome Database (FMD)	J. Craig Venter Institute	2016	• 구강 부위별 16S rRNA 서열 데이터 포함
Microbiome Database (MDB)	China National GeneBank	2021	• 인체 부위별 미생물 핵산서열정보와 메타지노믹 데이터 • 인체 구강 미생물유전체 DB

[표 15] 구강 마이크로바이옴 데이터베이스

eHOMD에 의하면 건강한 구강에 상주하고 있는 것으로 밝혀진 미생물 문(phyla)은 Firmicutes, Bacteroidetes, Proteobacteria, Fusobacteria, Actinobacteria 등이 있으며 속(genera)으로는 Streptococcus, Prevotella, Veillonella, Neisseria, Haemophilus 등이 있다. 현재까지 발견된 구강 박테리아의 57% 정도만 공식적인 명칭을 부여받았고, 13%는 배양이 되었으나 아직 명명되지 않았으며, 30%는 배양이 불가능한 것으로 밝혀졌다.

중국의 BGI Group은 대규모 메타지놈 데이터를 이용한 구강 마이크로바이옴 분석 결과를 발표했다. 이들은 3,346개의 메타지놈 분석 샘플과 808개의 출간된 샘플을 이용해 56,213개의 메타지놈 유래 유전체를 모은 결과 새로운 과(family)를 찾아냈고, 기존에 알려진 Porphyromonas속과 Neisseria 속의 다양한 유전자 변형체들 (strains)을 찾아냈으며, 류마티스성 관절염이나 대장암과 연관된 새로운 바이오마커를 발견할 수 있었다. 이들 결과는 Microbiome Database (MDB)에 공개되어 있다.

2) 피부 마이크로바이옴[37]

 피부 마이크로바이옴 기반 퍼스널케어 산업의 경우 일찍부터 피부에 유익한 미생물의 산물을 활용하는 포스트바이오틱스 제품이 개발되어 판매되었으며 최근 인체 상재 미생물을 중심으로 살아있는 미생물을 활용하는 프로바이오틱스 제품이 출시되고 있다. 프로바이오틱스 제품에는 미생물이 첨가된 로션이나 크림과 같이 피부에 도포하는 유형과 미생물로 구성된 기능성 식품과 같이 섭취하는 유형이 있다.

기업	제품 유형 및 관리 영역	접근방법				
		프리바이오틱스	프로바이오틱스	포스트바이오틱스	유해영향 억제	미생물총 무영향
La Roche Posay (L'Oreal 소유)	Prebiotic Thermal Water라는 온천수를 피부 미생물총 구성을 변화시키고 다양성을 증대시켜 피부 민감성을 경감하고 피부 보습 및 장벽을 개선하는 성분으로 사용	●				
The Beauty Chef	박테리아 발효 과정인 FloraCulture™의 생성물을 피부 자극이나 염증, 민감성을 경감하는 성분으로 사용	●	●			
Galtinee	특허등록된 프리바이오틱스와 프로바이오틱스, 포스트바이오틱스를 통해 피부의 유익균을 증대시키는 목욕용품 제조	●	●	●		
Yun Probiotherapy	· 유해한 박테리아를 억제하는 유익한 박테리아를 여드름 등 피부 관리 성분으로 사용 · 피부 미생물총의 균형을 해치지 않는 성분을 사용 · 자체 개발한 마이크로캡슐포장(micro-encapsulation) 기술로 살아있는 박테리아가 첨가된 수분 크림 제조		●			●
S-Biomedic	자체 플랫폼 기술을 활용해 유익한 박테리아 혼합물을 피부 미생물총의 건강한 균형을 회복시켜 여드름 등 피부를 관리하는 성분으로 사용		●			●
SK-II (P&G의 소유)	· PITERA 라인이 발효 효모 추출물을 습도 유지 및 항노화 성분으로 사용			●		
Ganaden (Kerry Group)	· Bonicel이라는 GanedenBC30(바실러스 코아굴러스)의 발효 생성물을 항노화 성분으로 사용			●		
Clinique (Estée Lauder)	· 특허등록된 Lactobacillus 추출물을 피부 장벽의 재생 및 피부 자극 경감 성분으로 사용			●		
Micreos	· 네덜란드 바이오기업으로 황색포도상구균(S. aureus)을 제거하는 엔도라이신인 Staphefekt를 개발해 Gladskin 제품으로 시판중				●	
JooMo	· 천연 성분을 통해 피부 마이크로바이옴 균형을 해치지 않는 목욕용품 제조					●

출처: Frost & Sullivan 외 기업 웹사이트 및 관련 기사

[그림 39] 피부 마이크로바이옴 퍼스널케어 주요 기업 제품별 접근방법

 피부 마이크로바이옴 기반 헬스케어 산업의 경우 질병의 완화 혹은 치료를 목적으로 야생형(wild-type) 균주 혹은 유전자변형(engineered) 균주를 활용하는 프로바이오틱스 접근방법이 우세하다.

---

37) 피부 마이크로바이옴 기반 화장품 및 치료제 산업 동향, 한국바이오협회, 2020.11

MatriSys Biosciences의 경우 Staphylococcus hominis라는 인체 상재균주를 활용해 아토피피부염 환자의 피부에 증식해있는 Staphylococcus aureus를 억제하는 아토피 치료제를 개발하고 있다.

Naked Biome의 경우 Cutibacterium acnes 라는 상재균의 균주 간 차이를 활용하여 유익한 C. acnes 균주를 활용해 여드름을 유발하는 유리 지방산(free fatty acid)을 많이 생산하는 C.acnes 균주를 억제하는 여드름 치료제를 개발하고 있다.

DermBiont의 경우 양서류에서 분리해낸 항곰팡이성 세균인 Janthinobacterium lividum을 무좀치료제로 개발하고 있다. 해당 세균은 양서류에서 분리했으나 인체 피부의 주요 상재균이기도 하다.

기업	자금조달 (백만 달러)	치료영역	제품유형 (특징)	주요 임상 파이프라인 현황
AOBiome	31.5	여드름(acne), 습진(eczema), 만성피지선염증(rosacea)	*Nitrosomonas eutropha* 상재균 (적응증별 효능 차별화)	· AOB101: 여드름, 임상 2상 완료 · AOB102: 습진, 임상 2상 참가자 등록
Azitra	19.15	항암제 연관 발진(CTAR, cancer therapy-associated rashes), 니트레토 증후군(Netherton syndrome), 여드름	*Staphylococcus epidermidis* 상재균 (야생형 혹은 단백질 생산 관련 유전자변형형)	· ATR-04: 상재균, CTAR, 임상 1상 · ATR-02: 유전자변형균, 니트레토증후군, 전임상 · ATR-01: 유전자변형균, 필라그린 (filaggrin)발현, 전임상
BiomX	56	여드름	박테리오파지 혼합물	· BX0001: 여드름, 박테리오파지 혼합물, 임상 1상
DermBiont	8	곰팡이 질환	*Janthinobacterium lividum*	· DBI-001: 무좀, 손발톱진균증 (onychomycosis), 아토피피부염, 임상 2상
MatriSys Bioscience	1.5	치료 및 미용 적응증, 자가면역, 감염성종양	*Staphylococcus hominis* A9 균주 상재균	· MSB-01: 아토피피부염, 습진, 임상 2a상 · MSB-02: 감염, 전임상 · preclinical for infection · MSB-03: 만성피지선염증, 임상 1상; 건선 및 니트레토증후군, 전임상
Naked Biome	8.5	여드름, 습진,건선(psoriasis), 만성피지선염증, 지루성피부염 (seborrheic dermatitis)	건강한 피부에서 분리한 *C. acnes*	· NB-01: 여드름, 임상 1상
Phi Therapeutics	1.5	피부	박테리오파지와 유익균	소비자 직접 판매
S-Biomedic	비공개	여드름	건강인 유래 *C. acnes* 혼합물	소비자 직접 판매
Lactobio	비공개		*Lactobacillus plantarum*	소비자 직접 판매

출처: Charlie Schmidt, "Out of your skin,"Nature Biotechnology Vol. 38, 2020.

[그림 40] 피부 마이크로바이옴 치료제 주요 기업 사례 및 접근방법

Azitra의 경우 유전자변형 균주를 항암제 연관 발진(CTAR, cancer therapy-associated rashes)의 치료제로 개발하고 있으며, 이를 통해 피부 건강을 유지하고 면역시스템과 소통할 수 있는 인체 상재균인 Staphylococcus epidermidis를 활용해 항암제에 의해 과증식하는 S. aureus를 억제하고자 한다.

기업		제품 및 기술	
		현황	분류
아모레퍼시픽	화장품 기업	· 일리윤 프로바이오틱스 스킨 배리어: 피부장벽 강화를 위한 락토스킨콤플렉스 TM라는 유산균 발효용해성분 함유한 스킨케어 제품 · 라보에이치: 두피장벽 강화를 위한 녹차 유래 유산균 발효용해성분 15종을 함유한 두피케어 제품	화장품
LG생활건강	화장품 기업	· 닥터그루트 마이크로바이옴 제네시크7: 두피생태계 개선을 위한 7가지 프리바이오틱스와 파라프로바이오틱스 캡슐을 함유한 두피케어 제품	
토니모리	화장품 기업	· 아토바이오틱스(ATOBIOTICS™): 피부장벽케어 및 유수분 밸런스, 진정 케어를 위한 프리바이오틱스와 모유 유래 유산균 발효물을 함유한 스킨케어 제품. 자회사인 마이크로바이옴 기업 에이투젠과 공동 개발	
코스맥스 (해브앤비 유통)	화장품 ODM기업	· 닥터자라트 솔라바이옴™: 피부 보호 및 진정 작용을 하는 마이크로코쿠스 용해물과 바실러스 발효물들 함유한 자외선 차단용 화장품. 미 항공우주국 (NASA)이 발견한 자외선과 방사선에 강한 미생물 균주를 활용해 화장품 성분 개발	
SK바이오랜드 (現현대바이오랜드)	화장품 및 의약품 원료기업	· 더마 바이오틱스 큐비솜(Cubisome): 발효취를 발생시키는 유산균 세포질 단백질과 세포벽 성분을 제거하고 핵심 성분인 뉴클레오티드를 고농도 생산하는 제조 기술	
쎌바이오텍	프로바이오틱스 전문 기업으로 화장품에 진출	· 락토클리어 안티에이징: 피부 장벽 강화를 위한 MICROBIOME CBT 5 complexTM라는 5가지 유산균 성분을 함유한 스킨케어 제품. · 락토클리어 블레미쉬 클리어: 여드름균인 P.acnes의 사멸에 작용하는 Enterococcus faecalis CBT SL5라는 유산균 특허 발효 진정 성분을 함유한 스킨케어 제품.	
종근당건강	건강기능식품 기업으로 화장품 사업 확대 중	· 클리덤 닥터라토: 유산균 발효 및 용해 결과로 얻은 7가지 성분의 복합물인 락토·세븐 배리어(Lacto·7 Barrier)를 함유한 스킨케어.	
동아제약	제약사로 화장품에 진출	· 파티온 아쿠아 바이옴: 피부 진정 및 수분 장벽 개선을 위한 쿠티박테리움 아비둠발효추출여과물을 함유한 스킨케어 제품	
지놈앤컴퍼니	마이크로바이옴 기업으로 치료제와 퍼스널케어 사업 동시 개발	· GENS-502: 건강한 사람의 피부상재균을 활용한 여드름 관리 화장품 원료로 임상개발 완료 · GEN-501: 건강한 사람의 피부상재균을 활용한 아토피피부염 및 항암발진 치료제 파이프라인. S. aureus의 생장을 억제하고 피부손상 면역인자를 회복시킴. IND 신청 예정	치료제
고바이오랩	마이크로바이옴 기업으로 치료제와 퍼스널케어 사업 동시 개발	· KBLP-001: 아토피성피부염 및 건선 등 자가면역질환 치료제 파이프라인으로 호주 임상1상을 완료했으며 미국 식품의약국(FDA) 임상2상 승인 획득	
한국야쿠르트	식품기업	· 피부 보습 및 주름 개선을 위한 L. plantarum HY7714 균주를 개발해 특허 등록 및 식약처의 개별인정형 원료 승인 획득. 개발된 균주는 현재 ㈜뉴트리의 프로바이오틱스 제품인 마스터바이옴 스킨마스터에 활용됨	식품
일동제약	제약사로 건강기능식품 사업 확대 중	· 면역과민반응에 의한 피부 상태 개선을 위한 RHT3201균주를 개발해 식약처의 개별인정형 원료 승인 획득. 최근 미국 식품의약국(FDA)의 NDI(New Dietary Ingredient, 신규식이원료) 인정 획득	

출처: 각 기업 웹사이트 및 관련 기사

[그림 41] 피부 마이크로바이옴 관련 국내 주요 기업 제품 및 기술 현황

  국내에서도 피부 마이크로바이옴 기술을 활용한 퍼스널케어 및 헬스케어 제품의 개발이 활발히 이뤄지고 있다. 화장품의 경우 화장품의 제조법과 규제 등의 이유로 현재 미생물의 추출물 혹은 용해물을 성분으로 활용하는 포스트바이오틱스 중심으로 제품이 개발 및 출시되고 있다.

  마이크로바이옴 전문 바이오기업들이 아토피피부염 등 피부질환 치료제 파이프라인의 전임상 및 임상을 진행하고 있다. 식품기업과 제약사의 화장품 사업 진출이나 마

이크로바이옴 기업의 의약품 및 화장품 사업 동시 개발 등 피부 마이크로바이옴 분야에서 화장품 및 식품, 의약품 산업의 경계가 허물어지고 있다.

글로벌 헬스케어 및 퍼스널케어 기업들이 피부 마이크로바이옴 상용화에 투자하기 시작했다. 2020년 1월 독일의 제약사인 Bayer와 마이크로바이옴 기반 피부 치료제 기업 Azitra가 민감성피부 및 습진성 피부를 위한 피부 마이크로바이옴 기반 스킨케어 제품 개발을 위한 파트너십을 체결했다.

네덜란드의 다국적 건강기능식품 기업 DSM은 피부 건강과 트러블에 관련된 상재균에 대한 임상연구를 바탕으로 유익균 증식을 통해 피부균형을 회복시키거나 유해균을 억제하는 제품들을 개발했다.

피부 마이크로바이옴 기반 프로바이오틱스 기능성 식품의 경우 미용 목적의 기능성 식품이 확대되는 화장품 산업의 경향과 맞물려 지속적으로 성장할 것으로 예상된다. 아직 허가받은 마이크로바이옴 치료제가 없고 국가별 규제가 명확하지 않은 가운데 Azitra와 S-biomedic의 경우처럼 마이크로바이옴 치료제를 개발하고자 하는 바이오 기업들이 규제가 좀 더 유연한 화장품이나 건강기능식품으로 먼저 개발 및 출시하고 이를 통해 치료제 개발의 자금을 획득하는 한편 임상 근거를 축적하면서 치료제 개발을 이어가는 투트랙(two track) 상용화 전략을 실행하는 것으로 나타난다.

나. 식물 마이크로바이옴[38]

 국내 식물 마이크로바이옴 연구는 벼, 고추 등의 작물 중심으로 16s RNA 염기서열 분석을 통한 미생물 군집 및 다양성 분석 중심으로 산발적 수행되었다. 국내 작물 관련 미생물 유전체 연구는 '프론티어 사업단'과 '차세대 바이오 그린 21 사업단' 등에서 비교적 활발히 수행되었으며, 현재 식물 마이크로바이옴 연구는 '벼 근권 미생물 군집분석', '작물 근권 메타유전체 비교를 통한 작물 품종별 마이크로바이옴 상관관계 분석' 연구가 대부분을 차지하고 있다.

 'Bacillus spp', 'Burkholderia spp.' 등 미생물유전체 분석을 통한 식물 생육촉진 및 작물 병해충 방제 연구는 활발히 진행되고 있다. 네덜란드 연구팀은 '병 억제형 토양(suppressive soil)'을 병유도형 토양에 혼합하여 처리한 결과, Rhizoctonia solani 균주의 발병 조건에서도 사탕무의 '모잘록병' 발병이 억제된다는 사실을 토대로 병 억제 토양에서 마이크로바이옴을 분석하고 병 억제형 토양의 핵심 미생물을 동정했다. 이와 달리, 작물과 마이크로바이옴의 통합 유기체 개념의 홀로바이옴 연구는 미미한 수준이다.

기주식물	분석유형	특징
애기장대	16S rRNA, ITS	ABC 변이체 근권에 미생물 군집 변화함
참나무	16S rRNA	근권에 특정 미생물 증가
사탕무	16S rRNA, phylochip	병 억제 토양에 특정 미생물 군 증가함
애기장대	16S rRNA	토양 미생물이 식물 잎의 대사체 변화 유도함
옥수수	16S rRNA	포장실험, 미생물 군집 다양성은 토양과 근권에 의한 차이임, 품종차이 미미함
벼	Metaproteome	메탄 생성 미생물, 메탄올 이용 미생물, 질소고정 미생물이 근권과 엽권에 풍부함
밀, 귀리, 완두	Metatranscriptome	작물별로 근권 미생물 다양함

[표 16] 차세대 유전체 분석 기술로 분석한 식물 연관 미생물 군집

38) 마이크로바이옴 연구개발 동향 및 농식품 분야 적용 전망, 농림식품기술기획평가원, 2017.12

기주식물	분석유형	특징
애기장대	16S rRNA	내생, 근권, bulk soil, lignocellulose의 미생물 군집을 2종의 토양에서 비교함
애기장대	16S rRNA	2종의 토양에서 8개의 순계라인으로 근권과 bulk soil 의 미생물 군집 비교
완두	18S rRNA, ITS	병든 완두의 근권과 내생의 진균의 군집을 비교 분석함

[표 17] 내생 미생물 군집

기주식물	분석유형	특징
가시참나무	18S rRNA, ITS	엽권의 진균 군집을 분석함
56종의 관목	16S rRNA	엽권 미생물 군집의 형성에 지리적 차이보다 관목 종류의 차이가 더 역할을 함
위성류	16S rRNA, 18S rRNA, ITS	염을 분비하는 위성류가 지리적인 차이에 의해 주변 미생물의 군집에 차이가 있음
상추	16S rRNA	엽권에 핵심미생물 군들의 밀도차이를 계절별로 분석함
벼	Shotgun metagenome	메탄 생성 미생물, 메탄올 이용 미생물, 질소고정 미생물이 근권과 엽권에 풍부함
사과꽃	16S rRNA	시간별로 사과꽃에서 미생물 상의 변화를 분석함

[표 18] 내생 미생물 군집

 식물 마이크로바이옴 연구는 국외에서도 대부분 품종 및 토양별 미생물 상에 대한 마이크로바이옴의 분석 자체를 목적으로 수행되고 있었으나, 작물과 미생물간 상호작용을 마이크로바이옴 수준에서 설명할 수 있는 작물 홀로바이옴[39] 연구가 2014년 코넬대학 연구팀에 의해 수행되었다. 이 결과, 옥수수 품종의 낮은 유전력(heritability) 차이와 마이크로바이옴의 연관성을 분석하여 토양 특성이 미생물군집 형성에 중요한

---

39) 작물을 한 개의 생물체로 보지 않고 작물과 주변 미생물 군집의 연합체로 간주해 연합체의 유전체정보 간 상호작용을 통해 작물의 기능이 조절될 수 있다는 개념

요인임이 확인되었다.

　최근 벼의 뿌리와 관련된 마이크로바이옴을 식물영양, 생장촉진, 병 억제 측면에서 분석하면서 미생물 군집구조와 형성과정에 대한 연구가 활발히 진행 되고 있다. 또한, 토양 등 농업환경에서 배양이 가능한 미생물은 전체 미생물의 0.1%에 불과하여 다양한 미생물을 활용하기 위한 메타유전체(metagenome) 연구가 활발히 진행되고 있다.

다. 산업별 기술 동향
1) 식음료

마이크로바이옴은 식품 산업에 가장 먼저 상용화가 이루어지고 있다. 넓게는 전통식품인 김치, 치즈, 요구르트 등 미생물이 함유된 식품부터 좁게는 많은 현대인이 건강기능식품으로 복용하고 있는 프로바이오틱스를 예로 들 수 있다.

현재 마이크로바이옴의 식음료에서의 활용은 건강기능식품에 집중되고 있다. 특히 인간 마이크로바이옴은 영양(Nutrition)과 약품(Pharmaceutical)의 중간적 개념인 '뉴트라슈티컬(Nutraceutical)'의 떠오르는 성분으로 다양한 연구가 집중되고 있다. 마이크로바이옴 불균형이 비만, 당뇨, 류마티즘, 염증성 장질환, 자폐증까지 연관성이 있다는 연구결과가 줄을 이으며 앞으로 마이크로바이옴을 활용하여 콜레스테롤을 경감하거나 노화를 늦추고, 당뇨 및 치매와 같은 질병을 관리하는 건강기능식품이 점차 확대될 것으로 전망된다.

또한 식품 시장도 점점 타깃이 세분화됨에 따라서 마이크로바이옴은 특정 소비자(노인, 영·유아 등)에 더 효과적인 건강기능식품 발전에 기여할 것으로 예상된다. 예를 들면, 개인의 장내 미생물 유전자 분석을 통해서 개인 맞춤형 영양 계획을 설계하여 어떤 식품이 개개인의 혈당 조절에 이롭거나 해로운지 예측하여 줄 수 있는 제품을 생각해 볼 수 있을 것이다.

구체적으로 식음료 시장에서 가장 널리 적용되고 있는 것은 프로바이오틱스다. 프로바이오틱스는 장내와 소화건강 개선을 목적으로 하는 수많은 제품에 포함된 '친구 같은 박테리아'로 인간 마이크로바이옴 산업에서 가장 잘 알려진 제품이다. 프로바이오틱스는 장 기능뿐만 아니라 복용 시 장내 마이크로바이옴의 불균형을 해결해줌으로써 신진대사 및 면역체계에도 도움이 되는 것으로 밝혀지면서 그 활용 폭이 더 늘어날 것으로 전망된다. 식음료 산업에서 프로바이오틱스는 현재 유아용 조제유, 다양한 형태의 식이보충제, 시리얼, 피클, 일부 육류 등 많은 부분에 응용되고 있다.

글로벌 식음료 기업들은 마이크로바이옴 원재료 개발에 적극적으로 투자하고 있다. 각 기업은 대학교, 연구기관, 마이크로바이옴 전문 스타트업과의 파트너십뿐만 아니라 기술력과 특허권을 보유한 업체를 인수하는 등 다양한 방식을 도입하고 있다.

글로벌 식품 기업들의 마이크로바이옴 투자는 장기적이고 규모가 큰 데 반해 국내 식품 기업은 몇몇 기업을 제외하고 움직임이 크게 눈에 띄지 않고 있다. 또한 국내에서는 식음료 기업보다는 제약업체에서 프로바이오틱스 건강보조제를 중심으로 시장이 카니발리제이션되고 있는 양상을 보인다. 무엇보다 식음료 영역에서 프로바이오틱스 등의 마이크로바이옴의 원재료 개발은 건강기능식품뿐만 아니라 치료제, 진단 등으로 사업 확장이 가능해 글로벌 식품 대기업들이 미래성장동력으로 집중하고 있다.

2) 화장품

마이크로바이옴은 퍼스널케어 시장 내에서도 기능성 화장품 트렌드와 맞물려 차차 두각을 나타낼 것으로 전망된다. 기능성화장품은 화장품과 의약품의 중간 개념으로 고령화, 환경오염, 성형미용시술의 증가로 인해 그 수요가 더 증가하고 있는 세그먼트다.

화장품 기업에서는 마이크로바이옴이 장기적이고 근본적 피부개선을 해 줄 수 있을 것이라는 대전제하에 '스킨바이옴'이라는 키워드를 내걸며 다양한 R&D를 수행하고 있다. 아직까지 기능성 화장품에 있어 마이크로바이옴의 효과는 걸음마 수준이지만 여러 가지 피부 건강과의 연관성에 대한 논문들이 발간되고 있다.

네이처리뷰 마이크로바이올로지(Nature Review Microbiology)에서는 건강한 피부와 건강하지 못한 피부를 대조하고 분석하여 건강한 피부에서 마이크로바이옴의 균형은 필수적이라는 것을 밝혀냈다. 또한 다른 논문에서는 마이크로바이옴이 항노화, 아토피, 여드름과 연관이 있다고 말한다. 예를 들면, 아토피피부염 환자의 피부에서 특정 미생물이 더 존재하거나 장내 미생물의 다양성과 상재균이 감소한다는 것이다. 이처럼 피부 및 장내 미생물이 피부 건강과 유기적으로 연결되어 상호작용한다는 가설의 실마리들이 하나씩 밝혀지면서 향후 기능성 화장품 시장에서 마이크로바이옴은 지속적인 연구대상이 될 것으로 전망된다.

더불어 마이크로바이옴은 안티폴루션 및 맞춤형 화장품과도 잘 결부된다. 미세먼지와 중금속의 심각성에 대한 소비자의 우려가 커지면서 안티폴루션 시장은 점차 확대되고 있다. 환경적 요인인 자외선, 미세먼지 등이 마이크로바이옴의 불균형을 가져온다는 연구는 역설적으로 피부 미생물의 균형을 찾고 '피부장벽'을 만듦으로써 외부환경으로부터 피부 건강을 지켜줄 수 있는 신소재가 개발 될 수 있을 것이라는 기대를 받고 있다. 또한 개개인마다 보유한 마이크로바이옴이 모두 다르다는 것에 착안해 맞춤형 화장품에 대한 혁신적인 소재로도 주목을 받는다. 이렇게 마이크로바이옴은 화장품을 포함한 퍼스널케어 시장에서 앞으로 많은 응용이 있을 것으로 전망된다.

글로벌 화장품 기업인 영국의 유니레버, 미국의 로레알과 P&G는 모두 마이크로바이옴 투자와 R&D에 적극적인 양상을 보이며, 국내 기업 역시 최근 신제품 개발 및 출시와 함께 프로모션에 사용하면서 기능성 화장품 위주로 마이크로바이옴을 응용하기 시작하는 모습을 보이고 있다.

3) 헬스케어

최근 많은 질병들이 마이크로바이옴과 연관성이 높다는 것이 밝혀지면서 향후 5년 내에 마이크로바이옴을 기반으로 하는 치료제 시장이 크게 성장할 것으로 전망된다. 시장조사기관 글로벌데이터(GlobalData)에 따르면 2019년까지 개발중인 치료제는 180여 개로 소화기, 감염, 대사질환뿐만 아니라 신경계질환과 암까지 다양한 질환 영역에 있어서 활발히 개발이 진행 중이다.

Nature Reviews Drug Discovery에 따르면 2005년부터 2015년까지 10년간 약 30여 개의 마이크로바이옴 업체의 R&D 투자비용은 약 16억 달러이다. 마이크로바이옴 치료제 개발은 다음과 같은 두 가지 특성을 가진다.

① 박테리아 종류의 범위에 대한 제한이 없어졌다.
최근 마이크로바이옴 치료제의 근간이 되는 신물질 발굴에 있어, 한 번도 분리해내거나 사용해보지 않은 새로운 균주가 개발되고 있다. 일명 '차세대 프로바이오틱스'라는 별명을 가진 이러한 새로운 물질들이 최근 활발히 개발되며 박테리아 종류의 범위에 대한 제한이 사라졌다.

② 치료제의 적응증이 지속적으로 확대된다.
마이크로바이옴이 장내 마이크로바이옴을 중심으로 그동안 비만과 당뇨 등의 대사질환이나 소화기질환과의 연관성 연구로 시작했다면 이제는 자폐증, 우울증, 알츠하이머와 같은 신경계질환과의 연관성까지도 그 영역을 뻗어나가고 있다. 특히 신경계질환의 경우 사회적으로도 큰 비용을 소모하고 있으므로 마이크로바이옴 치료제가 개발될 경우 나비효과도 기대해 볼 수 있다는 조심스런 관망도 나오고 있다.

이처럼 마이크로바이옴 치료제는 각 적응증별로 폭넓은 스펙트럼의 파이프라인을 형성하고 있으며, 그 중에서도 클로스트리듐 디피실균 감염(Clostridium Difficile)을 포함한 소화기질환 영역이 마이크로바이옴 치료제 시장을 견인하고 있다.

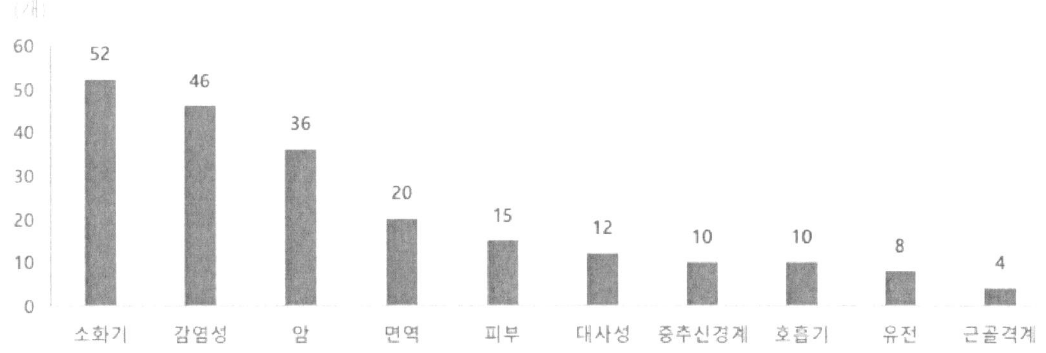

[그림 42] 치료 영역별 글로벌 마이크로바이옴 치료제 파이프라인 수 (2018)

마이크로바이옴을 활용한 치료제의 개발에는 크게 다섯 가지 방법으로 요약할 수 있다.

① 천연·인공 세균 기반 치료제(Bugs as Drug)

천연·인공 세균 기반 치료제는 프로바이오틱스를 포함한 우리 몸에 이로운 작용을 하는 살아있거나 만들어낸 (engineering) 유익균으로 목표한 질환을 치료하는 방법이다. 전체 마이크로바이옴에 대한 투자 중 가장 큰 비율로 43%가 이 분야에 투자할 정도로 천연·인공 세균 기반 치료제는 마이크로바이옴 치료제 중 가장 큰 관심을 받고 있는 분야다.

최근 클로스트리듐 디피실균(Clostridium Difficile) 감염과 같은 면역질환부터 궤양성 대장염, 크론병 등의 소화기질환뿐만 아니라 암 세포 생성에 관련 있는 세균과 면역을 활성화하는 세균을 연구하여 암을 치료하는 방법 등이 개발중에 있다.

② 프리바이오틱스·콘트라바이오틱스(Pre·Contrabiotics)

프리바이오틱스와 콘트라바이오틱스는 장내 미생물군집의 종류 및 구조를 바꿔주도록 필요한 미생물을 증가시키거나 또는 그렇지 못한 것을 차단하는 방법이다. 대부분은 유익균을 강화하고 유해균을 줄이는 방법으로 진행된다. 마이크로바이옴 전체 투자 중 33%가 이 분야에 투자되었으며, 이 방법은 소화기장애, 궤양성대장염, 크론병, 과민성대장염, 클로스트리듐 디피실균 감염뿐만 아니라 당뇨병과 비만 치료제로도 활발하게 연구 중이다.

③ 마이크로바이옴 상호작용경로(Host Microbiome Interaction Pathway)

마이크로바이옴 상호작용경로는 미생물이 활성화되는 메커니즘을 연구하여 작용기전 자체에 개입할 수 있는 저분자 물질을 통해 질병을 컨트롤 하는 방법이다. 예를 들면, 특정 화합물(small molecule)이 타깃 통증이나 감염에 반응하는 마이크로바이옴의 메커니즘에 억제제로 작용한다. 또는 특정 화합물이 미생물의 독성을 제거하거나 부작용을 일으키는 미생물의 효소를 억제한다. 이 방법에는 전체 마이크로바이옴 투자 비용 중 16%가 쓰이고 있다.

④ **차세대 항생제(Next-generation Antibiotics)**
차세대 항생제 분야는 내성 균주를 목표로 하고 있어 내성 균주를 선택적으로 제거할 수 있는 유전자 조작 기술이 필요하다. 따라서 마이크로바이옴 자체에 대한 분석과 함께 유전자 편집 도구를 개발해 유전적으로 조작된 박테리오파지를 개발하고 있다. 전체 투자 중 7%가 이 기술에 투자되었다.

⑤ **분변 미생물 이식술(FMT, Fecal Microbiota Transplant)**
FMT는 건강한 개인의 분변 속의 미생물을 질환이 있는 사람의 장에 이식하는 방법이다. 전체 마이크로바이옴 투자 중 5%가 FMT에 투자되었다.

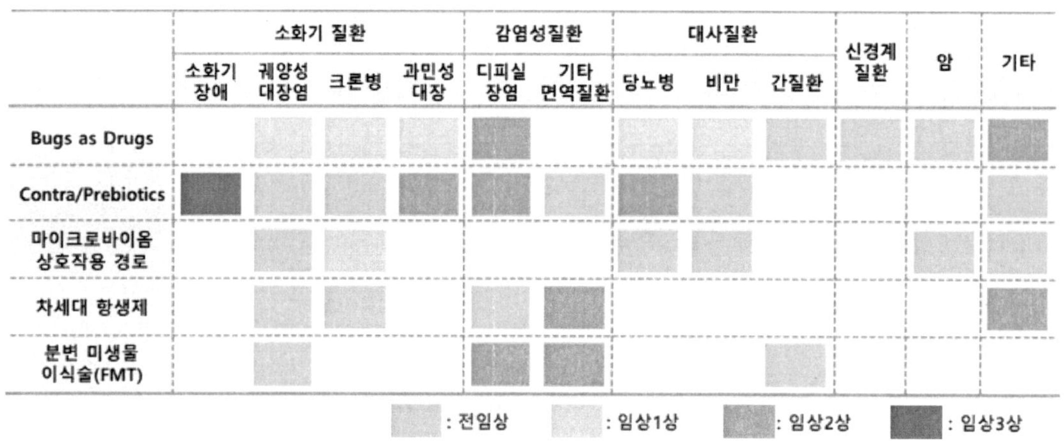

[그림 43] 질환별 마이크로바이옴 치료제 개발 현황

4) 진단

마이크로바이옴은 진단 분야에서도 그 활약이 기대된다. 헬스케어는 이미 발병 전에 미리 병을 막기 위해 치료에서 예방으로 패러다임이 바뀌었다. 연구자들은 병이 있는 환자의 장내 마이크로바이옴이 건강한 사람에 비해 불균형하며 질환별로 구성에 차이가 있음에 착안하여 다양한 바이오마커[40]를 개발하고 있다. 이를 통해 향후에는 장내 마이크로바이옴 정보와 함께 환자의 임상, 식생활 습관, 유전 정보를 포함하는 데이터를 종합적으로 분석하여 건강관리를 하는 서비스도 기대해 볼 수 있다.

현재까지 마이크로바이옴은 진단보다는 치료분야에 많은 투자와 진전이 있으나, 장기적으로는 마이크로바이옴 정보 분석을 바탕으로 조기진단에서의 활약이 기대된다. 진단 분야에서의 마이크로바이옴의 활용은 다음과 같이 네 가지로 요약된다.

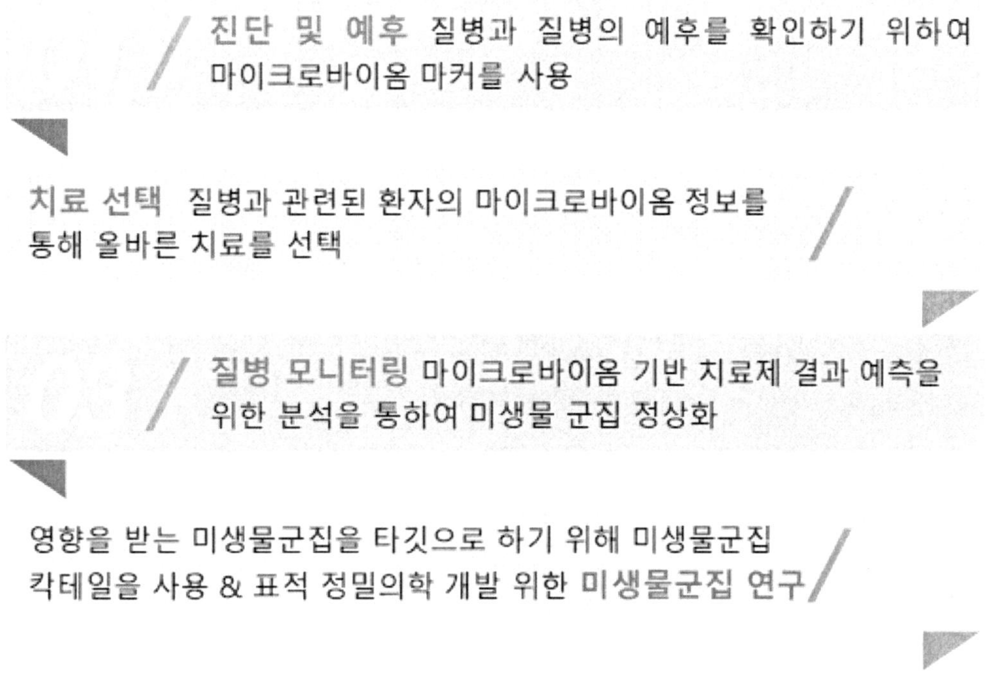

[그림 44] 마이크로바이옴의 진단 산업에서의 활용

마이크로바이옴 진단 분야의 R&D에서 가장 중요한 것은 유전자 염기서열 분석 기술이다. 마이크로바이옴 진단 개발은 질병과 관련된 개인의 메타게놈을 특징 짓는 총 미생물 유전자 정보에 대한 전체 서열 분석 및 매핑을 기본으로 하기 때문이다. 과거와 달리, 최근 유전자 염기서열 분석의 비용 감소와 발전으로 더욱 방대한 양의 데이

---

40) 바이오마커(Biomarker): 소위 단백질, DNA(유전체) RNA(전사체), 대사물질 등을 이용해 신체 내의 변화를 알아낼 수 있는 지표로 많은 과학 분야에 이용됨. 의약품에서 바이오마커는 건강과 장기의 기능을 검사하는 데 사용되는 추적 가능한 물질을 의미함

터 세트를 보유할 수 있게 되어 향후 더욱 연구가 활발히 이루어질 전망이다.

현재까지 진단 분야에서의 산업적 활용은 염기서열분석에 기반하며 다음과 같이 다섯 가지 차세대 플랫폼으로 요약할 수 있다.

플랫폼	기업명	증폭 방법론 (Amplification)	기반 화학 기술 (Chemistry)	분석 속도 (Highest Average Read Length)
454 GS FLX	로슈 (스위스)	유탁액 증폭 (Emulsion PCR)	파이로시퀀싱 (Pyrosequencing)	700bp
하이섹 (HiSeq)	일루미나 (미국)	브릿지 증폭 (Bridge PCR)	SBS (Sequencing by Synthesis)	300bp
팍바이오 (Pac Bio)	퍼시픽 바이오사이언스 (미국)	N/A	SBS (Sequencing by Synthesis)	8,500bp
솔리드 (SOLiD)	써모피셔 사이언티픽 (미국)	유탁액 증폭 (Emulsion PCR)	SBL (Sequencing by Ligation)	75bp
아이온 프로톤 (Ion Proton)		유탁액 증폭 (Emulsion PCR)	SBS (Sequencing by Synthesis)	400bp

[표 19] 차세대 염기서열 분석(NGS)의 주요 플랫폼

상용화된 차세대 염기서열 분석(NGS, Next Generation Sequencing) 플랫폼은 염기서열 분석 단계 중 유전자 증폭(Amplification) 및 서열화(Sequencing)하는 방법에 따라서 나누고 있다. 차세대 염기서열 분석은 스위스 제약·진단 기업인 로슈에서 가장 먼저 시작했지만, 현재는 미국의 바이오 기업인 일루미나가 전세계 NGS 시장의 70%를 점유하며 시장 및 기술을 선도하고 있다. 일루미나는 경쟁사였던 퍼시픽 바이오사이언스를 2018년 11월 12억 달러에 인수하여 유전체 분석 업계의 선두를 확실히 자리매김했다고 평가 받고 있다.

마이크로바이옴 진단은 DNA(Genomics, 유전체), RNA(Transcriptomics, 전사체), 단백질(Proteomics), 대사체(Metabolomics)의 사슬에 의거한 모든 학문과 연관되어 있다. 다시 말해 메타유전체학, 메타전사체학, 메타단백질학, 메타볼로믹스와 연계되

어 있다. 해당 모든 학문에는 차세대 염기서열 분석 기술이 필요하며 방대한 양의 유전자, 전사체, 단백질 및 대사체 분석을 위해서는 생물정보학과 디지털 기술 또한 긴밀히 협력해야 하는 분야로 분석된다.

글로벌 빅파마들은 마이크로바이옴의 꿈틀대는 잠재력을 일찌감치 알아채고 여러 형태로 마이크로바이옴 신약 개발에 동참하고 있다. 간단히 마이크로바이옴 신약 개발업체는 크게 몇몇 글로벌 대형 제약사와 수많은 마이크로바이옴 스타트업 양 진영으로 나누어 볼 수 있다.

마이크로바이옴 치료제 시장은 민간 투자가 큰 역할을 하고 있다. 주요 대형 제약사들은 마이크로바이옴을 주요 투자 관심 영역으로 선정하고 있거나 신약 개발 초기부터 직접 전략적으로 유망한 바이오벤처에 투자하거나 라이센싱계약, 인수합병, 전문화된 벤처캐피털 투자 등 다양한 방식의 투자 양상을 보여주고 있다. 대부분의 투자는 의학적 활용성에 중점을 두고 이루어지며 특정 질환 및 기술에 선택과 집중을 함으로써 경쟁 우위 선점을 하려는 명확한 흐름이 보인다.

무엇보다도 가장 두드러지는 양상은 제약사와 바이오테크 기업 간 활발한 '파트너십'이다. 글로벌 대형 제약사 중에서도 특히 마이크로바이옴에 적극적인 플레이어는 존슨앤존슨 얀 센 (J&J Janssen), 화이자 (Pfizer), 다케다(Takeda), 에브비(Abbvie), 아스트라제네카(AstraZeneca) 등이 있다.

6

마이크로바이옴 기업 동향

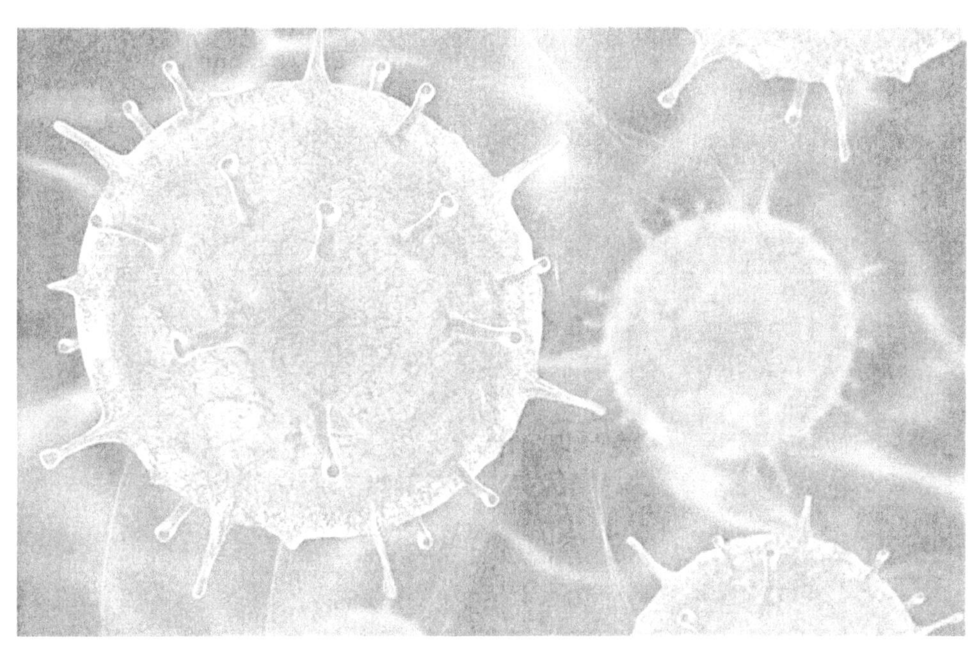

6. 마이크로바이옴 기업 동향

가. 해외기업

1) 다논(프랑스)[41]

[그림 46] 다논

다논은 프랑스 파리에 본사를 둔 다국적 식음료 기업으로, 우유와 유산균 및 발효유 등의 낙농제품과 생수를 전문으로 하는 그룹이다. 다논은 2012년부터 북미지역에서 장내 미생물과 프로바이오틱스에 관련하여 선정된 프로젝트당 연간 2만 5,000달러의 연구장학금을 지원하고 있다.

또한, 다논은 식품, 장내 미생물, 건강과 관련된 다양한 프로젝트를 진행해오고 있다.

년도	프로젝트
2012년	UC데이비스대학과 식품 통한 유익균 전달 벡터 연구
2013년	노스캐롤라이나대학과 우유 발효 미생물의 적용 연구
2014년	플로리다대학과 인간 마이크로바이옴 단백질 발효와 프로바이오틱스 섭취 유무에 따른 변화 연구
2015년	텍사스기독대학교와 프로바이오틱스와 정신적·신체적 스트레스 감소 연구
2016년	오하이오대학과 프로바이오틱스 화학 반응 분석 및 일리노이대학과 프로바이오틱스 섭취에 따른 모유의 면역과 미생물 분포, 신생아 장내 미생물 연구
2017년	버지니아텍과 임산부의 장내 미생물이 태아 신경발달에 미치는 영향, 버지니아대학과 장내 미생물과 음식이 뇌발달에 미치는 영향 연구

[표 20] 다논 마이크로바이옴 프로젝트

41) 마이크로바이옴이 몰고 올 혁명, 삼정 KPMG, 2020.01

2) 네슬레(스위스)[42]

[그림 47] 네슬레

네슬레는 스위스의 식품 제조기업으로 1866년에 설립되었으며, 본사는 스위스 브베에 위치해있다. 네슬레는 스위스 상장사 중 시가총액 1위의 대기업이며 네스퀵, 마일로, 돌체구스토, 네스프레소, 네스카페 등의 제품 및 브랜드를 보유하고 있다.

2011년 네슬레는 '네슬레건강과학연구소'를 설립하여 건강 및 질병의 이해를 위한 기초과학 연구와 인간 마이크로바이옴 기반의 건강 기능식품 개발을 추진하고 있다. 이후 2016년 장내 미생물을 기반으로 건강과 영양의 관계에 대한 연구(식이섬유 소화를 돕는 장내 미생물 역할에 대한 연구 포함)를 위해 Imperial College of London 과 파트너십을 체결했다.

또한, 2016년 마이크로바이옴의 리딩기업으로 자리매김하기 위해 클로스트리듐 디피실 및 IBD(염증성 장질환) 파이프라인을 보유한 미국의 Seres Therapeutics와의 전략적 협업 진행과 새로운 종류의 마이크로바이옴 치료제(Ecobiotics)에 대한 독점 계약을 체결했다.

2017년 Nestlé Health Science와 Enterome은 마이크로바이옴 진단 개발 및 상용화를 위한 합작회사인 Microbiome Diagnostics Partners(MDP)를 설립하며 2,000만 유로를 투자했다. MDP는 손상된 점막을 진단하고 관리하는 장내 미생물 기반 바이오마커 'IBD 110' 및 비알코올성 지방간염의 생체지표인자들을 진단하는 'MET210' 등을 보유하고 있다.

이후 2022년 프랑스의 엔터롬(Enterome)과 마이크로바이옴-기반 치료제 발굴 및 개발 협력을 위한 라이선스 제휴를 체결했다. 이에 네슬레 헬스 사이언스는 엔터롬의

---

42) 마이크로바이옴이 몰고 올 혁명, 삼정 KPMG, 2020.01

엔도미믹스(EndoMimics) 제제인 EB1010을 공동 개발하기로 합의했다. 이는 식품 알레르기 및 염증성 장질환(IBD) 치료를 위한 IL-10 타깃 국소 유도제로 2023년 임상시험에 들어갈 예정이다. 즉, 국소적으로 항염 사이토카인 IL-10의 분비를 강하게 유도해 경구 치료제로 개발하면 장에 알레르기 반응에 강도를 줄이거나 막을 수 있을 것으로 기대된다.

3) 유니레버(영국)[43]

[그림 48] 유니레버

유니레버는 영국과 네덜란드에 본사를 두고 있는 다국적 기업으로, 식품, 음료, 세제, 퍼스널 케어 제품 등을 판매하고 있다.

유니레버는 2018년 벤처캐피털 자회사인 유니레버벤처스를 통하여 프랑스 스킨케어 업체로 마이크로바이옴와 피부질환을 접목한 제품을 가지고 있는 갈리니(Gallinee)에 비공개 금액의 투자를 실행했다. 갈라니는 2016년 프랑스 약사 출신 마리 드라고 (Marie Drago)가 설립했으며, 드라고 자신 오랜 기간의 자가면역 질환 경험을 바탕으로 피부 유익균을 이용한 스킨케어 제품을 개발한 브랜드 스토리가 특징이다. 갈리니는 피부의 여드름과 습진과 관련 있는 마이크로바이옴 기술력을 보유하고 있으며, 2018년 유니레버의 투자금으로 마이크로바이옴 전문가 영입과 R&D 강화로 신제품 개발에 속도를 내고 있다.

또한, 2018년 유니레버 산하 MIF(Material Innovation Factory)에서 구강 미생물 연구를 기반으로 한 Fristto-market innovation 제품인 'Zendium 치약'을 출시했다.

최근 유니레버는 생명공학 기업인 이노바 파트너십스와 합작사 '펜러스 바이오'를 설립하고, 해조류에서 나오는 '락탐'(Lactam)이란 유기물질을 활용해 자체 세정 (self-cleaning) 기술을 상용화하기로 발표하기도 했다.[44]

---

43) 마이크로바이옴이 몰고 올 혁명, 삼정 KPMG, 2020.01
44) [Mint] 미끌거려 오염물질 안묻는 미역에서 아이디어 "자체 세정 기술 상용화", 조선일보,

4) 로레알(프랑스)[45]

L'ORÉAL

[그림 49] 로레알

로레알은 프랑스의 화장품으로 랑콤, 헬레나 루빈스타인, 조르조 아르마니, 비오템, 더바디샵 등 고가 명품에서 대중 브랜드에 이르기까지 다양한 브랜드를 보유하고 있다. 로레알은 2006년부터 마이크로바이옴에 대한 논문을 50개 이상 출간하여 미생물, 피부장벽, 면역반응 및 노화에 따른 마이크로바이옴의 진화를 연구해오고 있다.

로레알은 2013년 마이크로바이옴의 연구에 따른 라로슈포제 및 비치 브랜드가 포함된 'Active Cosmetic Division'을 창설했다. 이후 2019년 미생물 유전체 전문 업체인 미국의 uBiome과 공동 연구 파트너십 체결로 피부의 세균 생태계 연구를 기반으로 한 신제품 개발에 착수 했다.

2019년 랑콤은 프랑스 파리에서 '스킨케어 심포지엄'을 개최해 마이크로바이옴에 대한 연구 성과를 발표했다. 랑콤은 전 세계 연구센터와 함께 5억 개가 넘는 실험 데이터와 57회의 임상연구, 50명 이상의 연구원, 18개의 과학지 저널 등 통합적이고 전문적인 실험 및 연구개발을 통해 결과를 도출해 냈다.

또 랑콤은 일본 와세다 대학의 하토리 교수와 협업을 통해 마이크로바이옴이 나이에 따라 변화한다는 것을 알아냈고, 나이가 들수록 38개의 다른 종의 박테리아 종이 발견되는 등 마이크로바이옴의 종류가 다양해 진다는 것도 발견했다. 이는 노화와 마이크로바이옴이 밀접한 상관관계를 맺고 있다는 것을 의미한다.

이와 더불어 자외선이나 미세먼지, 호르몬, 식단 등 각종 생활습관과 환경적 요인들이 마이크로바이옴의 균형을 무너뜨리는 원인이 될 수 있다는 점도 알아냈다. 그 중 환경 오염은 피부 노화를 가속화 시키는 대표적인 요소로, 홍콩의 패트릭 리 교수에 의하면 환경 오염이 심한 곳에 거주하게 되면 '큐티박테리움(Cutibacterium)' 박테리아가 줄어들고 마이크로바이옴이 변형될 수 있다는 것을 발견했다.[46]

2021.02.05

45) 마이크로바이옴이 몰고 올 혁명, 삼정 KPMG, 2020.01
46) 랑콤이 15년간 연구했다는 '마이크로바이옴', 의학계+뷰티 업계가 주목하는 키워드, 마켓뉴스, 2019.08.14

5) Johnson&Johnson(미국)[47]

[그림 50] Johnson&Johnson

Johnson&Johnson은 1886년 설립된 미국의 제약회사로, 특히 마이크로바이옴에 적극적인 플레이어로 손꼽힌다. Johnson&Johnson 산하의 얀센은 2015년 초 얀센 휴먼 마이크로바이옴 연구소(JHMI)를 설립하고 국제 협력을 통해 마이크로바이옴에 기반한 헬스 솔류션 개발에 집중하고 있다. 이외에도 Johnson&Johnson은 다양한 협업과 투자를 통해 마이크로바이옴에 대한 개발을 진행하고 있다.[48]

연도	협업·투자	내용
2015	-	얀센 인간 마이크로바이옴 연구소(Janssen Human Microbiome Institute)를 설립하여 폐암, 1형 당뇨병, 저등급 만성 염증 등에 대해서 자체 연구
2015	Vedanta (미국)	염증성 장질환 마이크로바이옴 치료제(VE-202)에 비공개 계약금을 지불하였으며, 추가 개발 및 상용화 시 최종 2억 4,100만 달러 지불 라이센싱 계약
2016	Xycrobe (미국)	염증성 피부질환 치료제 개발 파트너십 체결
2017	Caelus (네덜란드)	인슐린 저항성 낮추고 2형 당뇨병 발병을 예방하는 마이크로바이옴 개발에 270만 달러 투자
2018	BiomX (이스라엘)	마이크로바이옴 기반 바이오마커 개발 플랫폼으로 염증성 장질환 환자 계층화에 활용할 수 있는 Xmarker 개발 협업 발표
2018	Vedanta (미국)	공동 개발한 VE-202의 임상 1상 진입하여 1,200만 달러 지불
2019	Holobome (미국)	장내마이크로바이옴과 뇌간 연결 연구를 통한 수면 장애 등의 신경계질환 치료제 파트너십 체결
2019	Locus Bioscience (미국)	호흡기 및 기타 감염성질환의 잠재 치료제인 CRISPR-Cas3-enhanced bacteriophage에 2,000만 달러 Upfront Fee)와 7,980만 달러 라이센싱 계약

[표 21] Johnson&Johnson 마이크로바이옴 협업·투자

47) 마이크로바이옴이 몰고 올 혁명, 삼정 KPMG, 2020.01
48) '마이크로바이옴'에 관심 보이는 제약사들…'잠재력' 살펴보니, 메디파나뉴스, 2019.03.23

6) 화이자(미국)[49]

[그림 51] 화이자

화이자는 1849년 설립된 미국의 제약회사로 마이크로바이옴 기반 치료제 개발 기업인 세컨드 게놈(Second Genome)에 투자하는 등 마이크로바이옴 기술 개발을 위해 다양한 투자를 진행하고 있다.[50]

연도	협업·투자	내용
2014	Second Genome (미국)	비만 및 대사 장애 관련 마이크로바이옴 치료제 공동 R&D 협약
2014 ~ 2019	Lodo Therapeutics & Synlogic (미국)	Pfizer Ventures는 49개의 Active Portfolio Company 리스트를 가지고 있으며, 이 중 Second Genome(미국), Lodo Therapeutics(미국), Synlogic(미국)의 3개의 미국 마이크로바이옴 업체가 포트폴리오에 구성
2021	MERCK (미국)	면역항암제 개발을 위한 두 번째 공동개발 계약 체결

[표 22] 화이자 마이크로바이옴 협업·투자

최근 국내 기업인 지놈앤컴퍼니가 마이크로바이옴 면역항암제 GEN-001 개발을 목표로 독일머크·화이자와 두번째 공동연구개발 계약(CTCSA)을 맺었다. 이번에 진행되는 임상시험(Study 201)은 기존 면역항암제가 잘 듣지 않는 위선암 및 위식도접합부암에 대해 GEN-001과 바벤시오® (성분명: 아벨루맙(Avelumab), 이하 바벤시오)에 병용투약 효능을 연구하는 시험이다. [51]

---

49) 마이크로바이옴이 몰고 올 혁명, 삼정 KPMG, 2020.01
50) 글로벌 제약사 '마이크로바이옴' 치료제 개발 임박…국내 현황은?, 이코노믹리뷰, 2018.11.19

7) Takeda(일본)[52]

[그림 52] Takeda

 다케다 약품공업은 일본 최대의 제약기업이며, 매출액 기준 세계 9위 규모의 다국적 제약기업이다. 다케다 약품공업은 항암제, 위장관질환, 충추신경계, 백신 분야에 집중하고 있다. 다케다 약품공업은 다양한 기업과 협업 및 투자를 진행하며 마이크로바이옴에 대한 연구를 지속하고 있다.

연도	협업·투자	내용
2016	Entrome (프랑스)	염증성 장질환과 장운동 장애를 포함한 소화기질환 신약 공동 개발을 협의하여 비공개 금액으로 초기 투자
2017	Finch Therapeutics (미국)	염증성 장질환 합성 마이크로바이옴 치료제인 FIN524에 대한 라이센싱 계약으로 다케다의 소화기 질환에 대한 전문성과 핀치의 엔지니어링 기술결합 Upfront Fee 1,000만 달러 지불 후 개발, 규제 및 상용화에 따른 로열티 및 추가 투자 계획
2017	NuBiyota (미국)	NuBiyatoa의 소화기관질환 적응증 마이크로바이옴 플랫폼을 활용한 구강 마이크로바이옴 컨소시엄 제품 개발을 위하여 라이센싱 계약 체결
2018	Entrome (프랑스)	크론병 치료제 후보인 EB8018 개발을 위하여 5,000만 달러 추가 투자
2019	Finch Therapeutics (미국)	2017년 계약 이후 FSM(Full Spectrum Microbiota)의 치료제로 개발된 'FIN-524'의 전임상 단계 진입으로 추가 계약을 체결함. 이로 인해 다케다는 크론병 치료제로 개발되는 해당 제품 판매 독점권 보유

[표 23] 다케다 약품공업 마이크로바이옴 협업·투자

 하지만 최근 다케다가 2017년부터 진행된 핀치와의 마이크로바이옴 치료제 개발파

---

51) 지놈앤컴퍼니, 독일머크·화이자와 마이크로바이옴 면역항암제 'GEN-001' 두번째 공동개발, 프리미어비즈니스포털, 2021.03.09
52) 마이크로바이옴이 몰고 올 혁명, 삼정 KPMG, 2020.01

트너십을 중단한다. 세계 최초의 마이크로바이옴 약물이 미국 식품의약국(FDA) 시판 허가 결정을 앞두고 있지만 최근 마이크로바이옴 치료제를 둘러싼 주변환경은 어려워지고 있는 실정이다.

나. 국내기업
1) CJ제일제당

[그림 53] CJ 제일제당

CJ제일제당은 2007년 9월 CJ주식회사에서 기업 분할되어 식품과 생명공학에 집중하는 사업회사로 출발한 국내 최고 수준의 식품회사다. 사업부는 크게 식품과 바이오 부문으로 구분된다. 2019년 미국 전국적 사업 인프라를 확보한 냉동식품 가공업체 Schwan's Company를 인수, 글로벌 회사로 도약 하고 있으며, 바이오 사업으로는 미생물 자원을 이용한 균주 개량 및 발효기술을 기반으로 사료용, 식품용 아미노산을 생산 및 판매한다.[53]

CJ제일제당은 2021년까지 식품·바이오 분야 '오픈 이노베이션'에 200억 원을 투자하겠다는 계획을 2019년 발표하며 마이크로바이옴, 의료바이오, 산업바이오, 푸드테크 등 신기술 및 아이디어 공모전으로 3년간 3억 원 투자를 진행하고 있다. 또한, 이후 2019년 국내 마이크로바이옴 업체 '고바이오랩'과 마이크로바이옴 기반의 면역 항암제 신약 개발을 위해 40억 원을 투자했다.[54]

CJ제일제당은 유전자진단업체 이원다이에그노믹스(EDGC)와 가장 먼저 MOU를 체결하며 맞춤형 건강기능식품 시장 진출을 선언했으며, 이후 CJ제일제당은 2020년 바이오 벤처 HEM과 최근 업무협약(MOU)을 체결했다. HEM은 장내 미생물과 대사체 연구 서비스 및 공정에 대한 분석 등과 관련해 품질 경영 시스템(ISO) 인증을 취득하는 등 장내 미생물 분야 연구의 선도 기업으로 꼽힌다. CJ제일제당 관계자는 HEM의 장내 미생물 분석 기술과 CJ제일제당의 균주 개발 기술의 노하우가 만나 개인 맞춤형 유산균 솔루션을 제공할 것이라고 밝히기도 했다.[55]

2022년 1월에는 CJ바이오사이언스를 출범하고 마이크로바이옴에 기반한 신약개발에

---

53) CJ제일제당, NH투자증권, 2021.01.04
54) 마이크로바이옴이 몰고 올 혁명, 삼정 KPMG, 2020.01
55) CJ제일제당 '마이크로바이옴' 탑재…5조 건기식 시장 포문, 서울경제, 2020.12.02

출사표를 던졌다. CJ바이오사이언스는 CJ제일제당이 기존에 보유한 제약 관련 자원과 2021년 인수한 마이크로바이옴 연구개발기업인 천랩을 통합한 자회사다.

 CJ바이오사이언스는 2025년까지 마이크로바이옴 기반 파이프라인 10건과 기술수출 2건을 확보해 세계적인 마이크로바이옴기업으로 도약한다는 계획이다. CJ제일제당은 천랩과 작년 1월 신약개발 업무협약(MOU)을 체결하는 파트너 관계였지만 천랩이 보유한 마이크로바이옴 관련 기술의 시장성이 크다고 판단, 인수를 결정한 것으로 알려지고 있다.[56]

 CJ제일제당 바이오 부문은 업황 개선 및 높은 원가 경쟁력을 기반으로 영업이익 두 자릿수 증가율이 유지될 전망이며, 라이신, 트립토판 등 사료첨가제 아미노산의 판가와 판매량이 각각 두 자릿수로 상승할 것으로 예상된다.[57]

---

56) '마이크로바이옴 의약품'… 제약사 미래 먹거리로 '요리 중' / 메디소비자뉴스
57) CJ제일제당, NH투자증권, 2021.01.04

2) 아모레퍼시픽

AMOREPACIFIC

[그림 54] 아모레퍼시픽

아모레퍼시픽은 화장품의 제조 및 판매, 생활용품의 제조 및 판매, 식품(녹차류, 건강기능식품 포함)의 제조, 가공 및 판매사업을 영위하며, 화장품과 생활용품, 녹차 사업부문(Daily Beauty & Sulloc)으로 구분된다. 화장품 사업부문의 주요 제품으로는 설화수, 헤라, 아이오페, 이니스프리, 에뛰드 등이 있으며, Daily Beauty & Sulloc 사업부문의 제품으로는 미쟝센, 해피바스, 덴트롤, 려, 송염, 설록차 등이 있다.[58]

아모레퍼시픽은 1997년 미생물 연구를 시작해 2008년부터 아이오페가 이를 활용한 화장품을 출시한 바 있다. 최근엔 일리윤 '프로바이오틱스 스킨 배리어 라인', 이니스프리 '그린티 프로바이오틱스 크림' 등 제품을 잇달아 출시하면서 계보를 이어가고 있다. 아모레퍼시픽은 마이크로바이옴이 개인 맞춤형 화장품 개발에도 활용될 수 있다고 판단다고 있다. 즉 화장품 과학의 또 다른 가능성을 여는 영역이라고 보는 것이다.

아모레퍼시픽은 최근 글로벌 업체 지보단과 피부 미생물 공동 연구를 위한 협약에 나서는 등 관련 연구를 강화하고 있다. 이번 연구는 한국과 프랑스 여성의 '피부 미생물 생태계'에 관한 것으로, 피부 건강 유지 방법을 찾는 게 목표다. 지보단은 마이크로바이옴 등 피부 미생물 관련 분야에서 15년 넘게 연구를 이어오고 있다.[59]

최근 아모레퍼시픽은 녹차유산균 연구센터를 개소하고, 제주 유기농 차 밭에서 발견한 새로운 유산균 소재를 연구하고 이를 제품에 접목하는 데 집중하고 있다. 아모레퍼시픽 프리미엄 기능성 스킨케어 브랜드 라네즈는 최근 5세대 '워터 슬리핑 마스크 EX'를 출시했다. 2002년 출시 후 라네즈 글로벌 베스트셀러로 자리 잡은 '워터 슬리핑 마스크'를 업그레이드한 제품이다.

새롭게 선보인 워터 슬리핑 마스크 EX에는 외부 자극으로 손상받고 흐트러진 피부 균형을 바로잡아주는 '슬리핑 마이크로바이옴' 기술을 처음 적용했다. 녹차 유산균 발효 용해물인 238억마리 프로바이오틱스 유래 성분을 담은 '프로바이오틱스 콤플렉스'

---

58) 잡코리아
59) "100조 시장 잡아라"…뷰티업계 '菌의 전쟁', 이윤재, 매일경제, 2019.12.02

는 피부 방어력을 강화해주고 지친 피부를 맑고 투명하게 가꿔준다.

 아모레퍼시픽의 두피 스킨케어 브랜드 라보에이치도 탈모 증상 완화 효능을 인정받은 카페인과 특허받은 프로바이오틱스 성분을 담은 신제품 `더 프리미엄9 샴푸`를 출시했다.
 식물 유래 카페인을 주성분으로 사용한 이 제품에는 아모레퍼시픽 기술연구원이 마이크로바이옴 연구를 통해 두피장벽 강화 효능을 확인한 프로바이오틱스 성분도 담겼다. 특허를 받은 프로바이오틱스(락토바실러스 발효 용해물)와 프리·포스트 바이오틱스 성분을 함께 사용해 모근을 강화하고 진정·보습 효과를 통해 두피를 가꿔준다.[60]

---

60) "유산균, 이젠 피부에도 바르세요", 이영욱, 매일경제, 2021.02.01

3) 코스맥스

[그림 55] 코스맥스

 코스맥스는 1992년 설립된 화장품 연구개발 생산 전문 기업으로 화장품 ODM 전문 기업이다. 코스맥스는 국내 외 600여개 브랜드에 화장품을 공급하는 한편, 해외 고객으로 세계 최대 화장품 그룹을 비롯하여 100여개 이상의 브랜드에 제품을 공급하고 있다. 또한, 전체 인력의 약 25% 정도를 연구 개발 인력이 차지하고 있으며, 복합 연구 조직인 코스맥스 R&I 센터를 운영하는 등 업계 최고 수준의 R&D 능력 또한 보유하고 있다.[61]

 코스맥스 소재 랩(Lab)은 지난 2011년부터 다양한 미생물들이 사람의 피부에 공생하면서 많은 역할을 수행할 것이라고 예측하고 특히 항노화와 관련된 미생물을 찾아 연구를 진행했다. 그 결과 코스맥스는 2019년 세계 최초로 항노화 마이크로바이옴 화장품을 개발했다. 코스맥스가 찾아낸 코드명 'Strain CX' 계열의 상재균은 젊은 연령의 여성의 피부에서 많이 확인됐다. 즉, 'Strain CX' 계열의 상재균이 나이가 들면서 점차 사라지는 사실을 코스맥스가 발견했고 피부 노화에 직접적인 영향을 준다는 사실을 세계 최초로 밝혀낸 것이다.[62]

 이후 코스맥스는 '스킨 마이크로바이옴의 기능성 물질과 피부 노화와의 상관성 규명'(Spermidine-induced recovery of dermal structure and barrier function by skin microbiome) 논문을 네이처 커뮤니케이션 바이올로지에 등재했다고 밝혔다. 코스맥스는 'Strain CX' 계열의 미생물을 'Strain-COSMAX'로 명명하고 안티에이징 기능을 밝혀내기 위해 GIST와 전체 유전자의 역할을 추적할 수 있는 전장 유전자(whole genome analysis) 분석을 진행했다.

 분석 결과 이 미생물은 다양한 피부대사를 조절해 노화 현상에 영향을 준다는 사실을 밝혔다. 대사 과정에서 생성되는 '스퍼미딘' 물질이 피부 안티에이징에 직접 영향

61) 코스맥스, NH투자증권, 2020.05.28
62) 코스맥스, 세계 최초 항노화 마이크로바이옴(Microbiome) 화장품 개발, 코스맥스, 2019.04.08

을 준다는 사실 역시 찾아냈다. 스퍼미딘은 피부의 콜라겐 합성과 지질 분비를 활성화시켜 피부의 보습은 물론 탄력, 안티에이징 효능을 나타낸다는 것도 확인했다.

 최근 코스맥스가 '2세대 피부 마이크로바이옴'을 발견하는데 성공하면서 신규 '과(family)' 수준의 발견으로 화장품 업계는 물론 생물학계에도 큰 반향을 불러올 전망이다. 인간 피부에서 피부 장벽을 구성하는 성분과 유사한 성질을 지닌 신규 미생물 그룹을 발견했다. 앞선 Strain CX' 계열의 상재균 발견의 후속 연구로 한국인 약 1000여 명을 대상으로 피부 마이크로바이옴을 분석하고 종균을 확보했다. 이 과정에서 피부 탄력 및 장벽 치밀도가 높은 영유아 그룹에서도 신규 미생물 그룹 발견에 성공했다. 63)

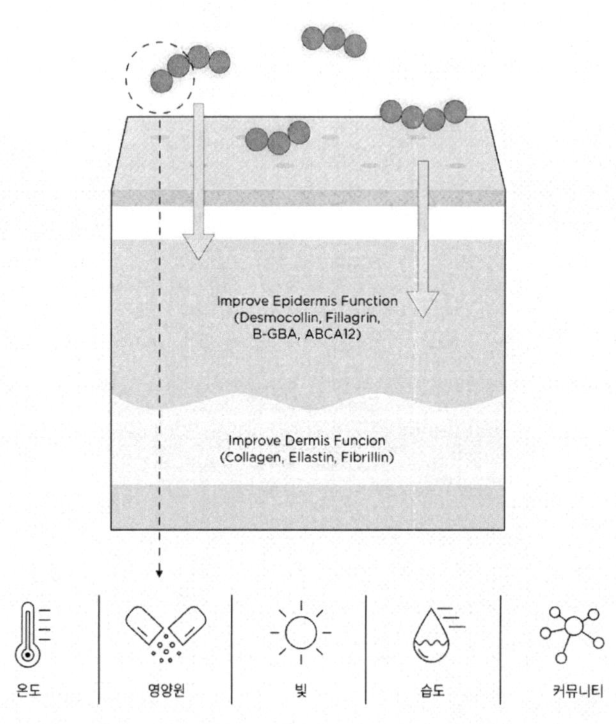

코스맥스는 2세대 피부 마이크로바이옴의 명칭을 '라포일럿(Rappoilot™)'으로 정하고 상표 출원 및 제품화에 나선다. 이르면 오는 5월 고객사에서 라포일럿을 적용한 제품을 출시할 예정이다. 아울러 국제 미생물 연구 학술지인 '계통분류학회지(IJSEM)'에도 게재할 예정이다.

---

63) 코스맥스, '2세대 피부 마이크로바이옴' 발견…세계 최초 이어간다 / 팜뉴스

코스맥스는 피부 마이크로바이옴 활용 분야를 다양한 제품 개발로 연결, 해당 영역을 넓혀나갈 예정이다. 코스맥스는 항노화 화장품, 탈모방지 샴푸, 가글 제품, 구강 건강 기능식품 등으로 제품화해 시장에 선보이겠다는 계획도 구체화하고 있다.[64]

---

64) 코스맥스, 마이크로바이옴-피부 노화 상관성 첫 규명, 허강우, 코스모닝, 2021.02.23

4) 동아제약

[그림 57] 동아제약

　동아제약은 소비자들이 처방전 없이 살 수 있는 일반의약품, 의약외품, 건강기능식품, 화장품의 사업을 영위하고 있다. 대표적인 제품으로는 박카스, 판피린, 써큐란, 가그린, 모닝케어, 템포 등이 있다.

　동아제약은 크게 일반의약품, 헬스케어, 건기식 제품을 개발하고 있다. 일반의약품 부문에서는 독점성분의 임상개발을 통한 신약연구, 브랜드 제품의 지속적인 성장을 위한 제품력 강화연구, 신시장 창조와 대형시장 진출을 위한 효능형 제품연구를 수행하고 있다. 헬스케어 부문에서는 구강청결제 브랜드인 '가그린'을 중심으로 오랄케어 분야에 대한 연구개발을 진행하고 있다. 또한 구강건강 외에도 중국, 미국 등으로 진출할 수 있는 제품 연구를 수행 중이다. 건기식 제품 부문에서는 다기능성, 고기능성의 독점가능한 신소재를 발굴하여 인체적용시험을 통해 차별화된 제품을 개발하고 있다. 또한 국내개발 건기식제품에 대해 국제규격에 부합하는 허가자료와 임상자료를 확보하여 글로벌 시장 진출을 목표로 하고 있다.[65]

　동아제약은 2019년 지놈앤컴퍼니와 Health&Beauty 제품 공동개발 업무협약을 체결했다. 이번 협약은 지놈앤컴퍼니의 마이크로바이옴 기술을 활용해 일반의약품, 건강기능식품, 확장품 등 신규 제품을 개발하기 위한 취지다. 이에 따라 양사는 지놈앤컴퍼니가 보유한 마이크로바이옴 기반 기술과 노하우를 활용해 공동연구와 상업화를 추진할 방침이다.[66]

　최근 마이크로바이옴 성분을 함유한 '하이-시카 바이옴 카밍 컨디션 패드'를 출시했다. 피부 진정 핵심 성분인 병풀추출물 46% 등 시카 성분 6종과 동아제약에서 개발한 특허 마이크로 바이옴, 판테놀 성분을 함유하여 건강한 피부 컨디션을 위한 진정 케어, 피부 pH밸런스 케어, 수분 장벽 케어 3가지 솔루션을 제공한다[67]

---

65) 캐치
66) 동아제약, 마이크로바이옴 기술로 시장 개척 나선다, 양영구, 메디컬옵저버, 2019.08.19
67) 동아제약 파티온, 리뉴얼 '하이-시카 바이옴 카밍 컨디션 패드' 출시 / 메디소비자뉴스

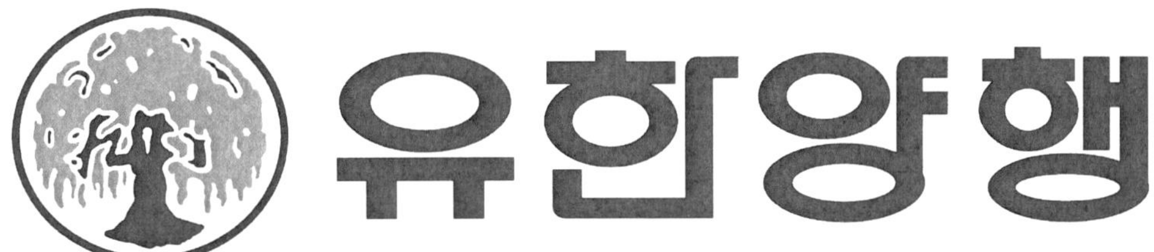

[그림 58] 유한양행

 유한양행은 의약품, 화학약품, 공업약품, 생활용품 등을 생산하는 국내 1위 제약회사
다. 유한양행은 과거 복제약으로 외형 성장을 해왔지만, 최근 도입품목보다 수익성이
좋은 개량신약 비중을 늘리고 있다. 개량신약은 기존 약품을 활용하기 때문에 개발비
용과 시간이 적게 들고 성공확률도 더 높다. 그리고 2020년부터는 대웅제약과 손잡고
위궤양 치료 개량신약을 개발중이다.[68]

 유한양행은 2019년 마이크로바이옴 연구·개발 기업 지아이이노베이션과 신약 공동
개발을 위해 업무협약(MOU)를 체결했다. 본 MOU를 통해 유한양행은 지아이이노베
이션이 보유한 SMART-Selex(스마트셀렉스) 플랫폼 기술을 활용해 신약 개발에 박차
를 가할 계획이다. 스마트셀렉스는 신약개발 단계에서 난관으로 꼽히는 안정적 단백
질 선별과정의 속도와 생산성을 높일 수 있는 것으로 알려져 있다.[69]

 이후 유한양행은 2020년 11월 마이크로바이옴 위탁생산 기업인 메디오젠의 지분
30%를 확보했는데, 이는 비처방의약품 및 생활건강사업 실적에 긍정적인 영향을 줄
것으로 전망된다.[70] 메디오젠은 프로바이오틱스 OEM(위탁생산)·ODM(위탁개발) 전문
기업이다. 바이오 벤처로는 드물게 매출이 발생하는 기업이다. 차별화된 프로바이오틱
스 기술(균 원료 안정 원천기술, 장 증식률을 높이는 SP코팅기술)을 보유하고 있다.[71]

 또한 유한양행은 약 1조원에 육박하는 시장성을 가진 프로바이오틱스 소재 및 새로
운 치료제 패러다임을 가져올 마이크로바이옴 치료제 분야를 미래성장을 위한 주요동
력사업으로 점 찍고, 2021년 9월 에이투젠을 인수했다. 2022년 에이투젠이 호주지사
를 통해 마이크로바이옴 치료제 LABTHERA-001에 대한 호주 임상 1상 시험 투약을
개시했다고 밝혔다. 이번 임상은 건강한 성인 여성을 대상으로 LABTHERA-001의 안
전성과 수용성을 조사하고 건강한 질내 세균총의 회복을 통해 LABTHERA-001의 세

---

68) 캐치
69) 유한양행, 마이크로바이옴 연구기업 '지아이이노베이션'과 MOU 체결, 뉴스핌, 2019.08.26
70) "유한양행, 마이크로바이옴·렉라자로 성장 기대", 한국경제, 2021.02.25
71) 유한양행이 선택한 메디오젠, 가치 증명할까?, 이데일리, 2021.02.26

균성 질염의 재발 예방 효과를 탐색하는 것을 목표로 한다. 향후 임상의 토대를 마련하기 위해서다. 임상 완료 목표 시점은 2023년 5월이다.[72]

---

72) 유한양행 투자사 에이투젠, 마이크로바이옴 치료제 호주 임상1상 개시 / 이데일리

6) GC 녹십자

[그림 59] GC 녹십자

GC녹십자는 혈액제제, 백신제제, 일반의약품 등 의약품을 제조 및 판매하는 제약 기업으로, 업계에서는 국내 백신·혈액제제 분야 강자로 손꼽힌다.[73] GC녹십자는 WHO 산하 기관향 공급계약 체결을 완료했으며, 대표 제품으로 면역글로불린 IVIG-SN, 헌터증후군 치료제 헌터라제, 혈우병 치료제 그린진에프 등을 보유하고 있다.[74]

GC녹십자는 2019년 천랩과 마이크로바이옴 치료제 생산 및 연구개발에 대한 업무협약을 체결했다. 이번 협약을 통해 양사는 마이크로바이옴 치료제 생산 및 치료제 후보 물질 연구개발을 위해 상호협력하기로 했다.

특히 천랩의 마이크로바이옴 치료제의 CMO(Contract Manufacturing Organization, 위탁생산), CDMO(Contract Development and Manufacturing, 위수탁 개발·생산) 분야의 기술적 협력을 우선 추진한다. 또한 양사 간 상호 관심 질환에 대한 치료제 연구개발에 시너지를 창출한다는 계획이다.

천랩은 마이프로바이옴 정밀 분류 플랫폼(Precision Taxonomy Platform)을 기반으로 신약을 개발하고 있다. 이 플랫폼 기술은 유전체학(Genomics) 기반의 분류 시스템과 메타지놈 프로파일 기술을 기반으로 질병과 연관된 신종 또는 알려진 종에서 새로이 분리된 균주를 정밀하게 동정해 진단제품 및 치료제 개발에 활용할 수 있다.[75]

또한, 2021년 유전자 분석업체 GC녹십자지놈은 최근 마이크로바이옴 검사 서비스 '그린바이옴 Gut'를 선보였다. 차세대 염기서열 분석방법(NGS)을 활용해 장내 전체 미생물을 확인하고 전체적인 다양성과 유익균·유해균 비율, 균형 지표 등에 대한 정보를 제공한다. GC녹십자지놈은 이 서비스를 통해 각종 질환 발생 위험도와 식이요법 등 맞춤 가이드라인을 제공할 계획이다.[76]

---

73) 캐치
74) 녹십자, NH투자증권, 2020.10.14
75) 천랩, GC녹십자와 '마이크로바이옴 신약 개발' 가속도, 바이오스펙테이터, 2019.07.05
76) 대변 검사로 질병 위험 예측한다…헬스케어 산업 꿈틀, 뉴시스, 2021.01.14

7) 종근당바이오

[그림 60] 종근당바이오

 종근당바이오는 종근당에서 분사된 국내 1위 원료의약품 수출기업이다. 주요제품은 Potassium Clavulanate(PC), Acarbose 등의 항생제 및 당뇨병치료제 원료이며, 발효기술을 바탕으로 건강기능식품(프로바이오틱스) 원료를 종근당건강에 납품하고 있다.[77]

 종근당바이오는 2020년 1분기까지 마이크로바이옴 원료의약품(API)를 생산할 수 있는 GMP 수준의 공장을 구축하는 것을 목표로 하고 있다. 이를 통해 균주 분리부터 배양, 생산, 제형화까지 수행할 수 있는 원스톱 프로세스를 제공할 예정이며, 또한 향후 마이크로바이옴 위탁생산(CDMO) 서비스 제공을 목표로 한다.

 종근당바이오는 마이크로바이옴 연구를 위해 서울대 평창 캠퍼스와 협력해 장내미생물 은행을 설립했으며, 2019년 기준 1500균주를 라이브러리 형태로 보유하고 있다. 종근당바이오는 이 균주들을 활용해 프로바이오틱스 식품, 치료제를 개발할 예정이다.[78]

 종근당바이오는 2016년부터 프로바이오틱스 시장에 뛰어들었다. 2016년 7월 건강기능식품 GMP 승인을 받았고 2017년 8월 프로바이오틱스 고시형 품목 승인을 완료했다. 종근당바이오는 '내추럴프롤린 배양공법'과 '실크 피브로인 코팅공법'이라는 프로바이오틱스 특허기술을 보유하고 있다. 두 가지 특허기술을 접목해 유산균의 안정성을 향상시키고 장까지 잘 정착하도록 하는 기법이다.

 프롤린공법은 균주 생존력 강화를 위해 유산균 제조 과정에서 프롤린을 첨가하는 공법이다. 다중코팅 없이도 위산과 담즙산으로부터 유산균의 생존율을 높이는 특허기술이다. 프롤린은 식물과 미생물이 외부환경으로부터 자신을 보호하기 위해 내뿜는 천연물질이다.

---

77) 종근당바이오, 한국투자증권, 2019.10.18
78) 마이크로바이옴 약 개발 위한 종근당의 야심, 히트뉴스, 2019.09.21

실크피브로인 코팅공법은 실크피부로인을 유산균에 코팅해 장내 정착성을 향상시키는 공법이다. 유산균의 내산성, 내담즙성 뿐만 아니라 장 상피세포 부착능을 증가시키는 특허 기술이다. 실크피브로인은 살아이는 누에고치에서 추출한 아미노산 복합유기체를 말한다.

최근에는 연세의료원과 공동으로 서울 서대문구 세브란스병원에 마이크로바이옴 연구센터를 열었다. 연구센터에는 인체 유래 마이크로바이옴 기반 후보물질을 도출하고 평가할 수 있는 자동화 분석기기를 포함한 최신식 설비를 구축했다고 회사는 설명했다.

종근당바이오 관계자는 "최근 국내외에서 대사성 질환, 신경계 질환 등을 중심으로 마이크로바이옴 치료제 개발이 활발하게 진행되고 있다"며 "CYMRC를 통해 마이크로바이옴 치료제 개발에 박차를 가하겠다"고 말했다.[79]

---

79) 종근당바이오, 세브란스에 마이크로바이옴 공동연구센터 열어 / 연합뉴스

8) 고바이오랩[80][81]

[그림 61] 고바이오랩

 고바이오랩은 2014년 설립된 기업으로 마이크로바이옴 신약 및 기능성 프로바이오틱스로 사업을 영위하고 있다. 고바이오랩은 국내 상장사 중 마이크로바이옴 치료제 개발 단계가 가장 앞서있는 기업으로, 건선 치료제 KBL697는 글로벌 임상 2상 미국 FDA IND 승인을 받은 상황이다. 고바이오랩은 건선 치료제 외 천식, 아토피 피부염, 염증성 장질환, 간 질환 치료제 등 다양한 파이프라인을 보유하고 있으며, KBL693 아토피/천식 치료제의 경우 호주 임상1 상을 진행 중이다.

과제	KBLP-001 (면역 피부질환 치료제)	KBLP-002 (알레르기 질환 치료제)
개발 제품	KBL697	KBL693
치료 요법	생균의약품(단일균주, 경구투여)	생균의약품 (단일균주, 경구투여)
작용 기전	Gut-Skin Axis Th17/Th2 cytokine 조절, 면역조절cytokine 증가	Gut-Lung (Skin) Axis / Th2, ILC2 염증반응 억제, 면역조절 cytokine 증가
목표 적응증	건선, 아토피피부염	천식, 아토피피부염
개발 단계	글로벌 임상2상 미국 FDA IND 승인	임상1상

[표 24] 고바이오랩 주요 후보물질

 글로벌 마이크로바이옴 전문업체인 세레스 테라퓨틱스(Seres Therapeutics)는 SER109(재발성 클로스트리디움 디피실 감염(CDI) 치료제)에 대한 긍정적인 임상 3상 결과를 발표했으며, 2021년 FDA 허가 신청을 앞두고 있다. 클로스트리디움 디피실은 항생제에 내성이 있어 대변이식으로 치료되고 있으나, 대변이식은 바이러스 감염 관련된 안전성 문제가 있기 때문에 안정성이 높은 경구용 마이크로바이옴 치료제에 대한 니즈가 존재한다. SER-109 임상 3상 결과는 FDA 가 요구한 조건을 크게 초과한 수치라고 세레스 측은 발표했으며, 세계 최초 마이크로바이옴 치료제 허가가 날 경우 국내 마이크로바이옴 전문업체들에 대한 가치도 높아질 것으로 판단된다.

---

80) 고바이오랩, SK중소성장기업분석팀, 2021.01.04
81) [BioS]고바이오랩, '마이크로바이옴' UC "국내 2상 IND 제출" / 이투데이

2020년 8월 고바이오랩은 중등도 건선 환자 대상으로 계획한 임상 2 상 FDA IND 승인을 받았으며, 1H20 임상 2 상을 개시할 것으로 예상한다. 2017년 기준 건선 치료제 시장은 약 163억 달러(약 18 조원)이며, 중등도 환자 대상으로 PDE4 저해제(아프레밀라스트)가 치료제로 사용되고 있다.

고바이오랩의 KBL697 건선 치료제는 기존 치료제 보다 효능, 비용, 안전성과 편의성 측면에서 우수한 편이기 때문에 시판될 경우 원활한 시장점유율 확보가 가능할 것으로 판단되며, 비임상 시험에서 KBL697 투여 시 건선 유도피부 조직의 IL-17, IL-23 등 알레르기 관련 면역 지표들의 유전자 발현 혹은 조직 내농도가 유의하게 감소된 것을 확인된 상황이다. 임상 1 상 시험에서는 위약군 대비 부작용 발생 빈도가 낮고 경도 증상으로 보고되었으며, 우수한 안전성 및 내약성이 확인됐다. 임상 2상 시험은 미국, 호주, 한국에서 진행될 예정이다.

적응증	과제	개발후보	임상지역	연구	비임상	임상 1상	임상 2상	진행 현황
건선	KBLP-001	KBL697	미국/호주/한국					2020년 미FDA 2상 IND 승인 (8월) 식약처 2상 IND 제출 (12월)
염증성장질환	KBLP-007	KBL697	한국					연구자주도임상 진행 (궤양성대장염)
천식/아토피피부염	KBLP-002	KBL693	호주					1상 시험 종료 (최종결과보고, '21년 3월) 국내 예비유효성 임상시험 진행
염증성장질환	KBLP-006	KBL382	TBD					기술이전 kolmar
면역항암	KBLP-005	TBD						고바이오랩: 후보 균주 확보 / 유효물질 탐색 공동연구 (생균) CJ 제일제당
NASH	KBLP-004	TBD						신규 타겟 검증 및 선도물질 최적화
간 질환	KBLP-009	KBL982						GLP 독성시험 완료
자폐 스펙트럼 장애	KBLP-010	TBD						자폐 유도 마우스 효력시험 진행

[그림 62] 고바이오랩 신약 파이프라인 현황

최근에는 궤양성대장염(UC) 치료제 후보물질 'KBLP-007(성분: KBL697)'의 임상2상 시험 지역에 국내를 포함하고자 식품의약품안전처에 임상시험계획(IND)을 제출했다.

고바이오랩은 국내 임상의들과 논의에 따라 KBLP-007 임상을 한국 지역을 추가해 진행하기로 결정했다. 식약처가 '생균치료제 임상시험시 품질 가이드라인'을 새롭게 마련함에 따라, 마이크로바이옴 기반 생균치료제의 국내 임상 진행이 가능해진 제도적 기반을 고려한 결정이다. 앞서 지난 2022년 7월 고바이오랩은 미국 식품의약국(FDA)에 KBLP-007의 임상2a상 디자인에서 약물 투여전(pre-treatment) 반코마이신 항생제 처리절차를 제외하는 시험계획 변경신청한 바 있다. 고바이오랩은 FDA로부터 임상2a상을 승인받고 현재 호주에서 환자 모집을 진행하고 있다.

KBL697(면역질환용 미생물소재)는 항염증 작용을 가진 미생물 단일균주 물질 (Lactobacillus gasseri)로 이를 궤양성대장염과 건선 등 여러 자가면역질환에 적용하고 있으며, UC 대상 임상 프로젝트명은 KBLP-007이다. 고바이오랩은 임상1상에서 KBL697 투여시 중대한 부작용이 없는 우수한 안전성과 내약성을 확인했다.

9) 천랩[82]

[그림 63] 천랩

천랩은 유전체 생물정보기술(Bioinfomatics)과 인간 장내미생물모니터링 기술을 보유한 기업으로 NGS를 이용한 정보서비스와 미생물 데이터베이스를 활용한 헬스케어 서비스를 영위하고 있다. 천랩 기술의 근간은 정밀 분류(Precision Taxonomy)라고 할 수 있다. 정밀 분류는 미생물의 전체 게놈 정보를 활용하여 종(species)과 균주(strain)에 가까운 수준에서 미생물을 동정하고 분류할 수 있는 차세대 분류 체계이며 이를 통해서 분류학적 해상도가 낮은 기존의 방법으로 발견하지 못한 대다수의 박테리아를 동정하고 분류하여 진단용 바이오마커나 치료제 후보 물질을 발굴할 수 있는 기회를 제공할 수 있다.

현재 천랩은 독자적으로 개발한 마이크로바이옴 후보 균주를 효율적으로 발굴할 수 있는 미생물 정밀 분류 플랫폼(Precision Taxonomy Platform)과 12만개 이상의 인간 마이크로바이옴 데이터베이스 및 신종 70 여종을 포함한 5,000균주 이상의 미생물 자원을 보유하고 있다. 또한 장 질환과 간 질환 치료제 및 면역항암제와의 병용 치료제 개발을 진행 중에 있으며 간암과 대장암에 대해 종양형성 억제 효과를 보이는 신종 균주 'CLCC1'의 전임상(동물실험 모델 효능) 데이터를 확보하고 있는데 후속 비임상실험을 거쳐 2021년 임상 1상에 진입할 예정이다.

천랩은 2017년 5월 일동제약과 마이크로바이옴 공동연구소를 출범시켰는데 일동제약의 프로바이오틱스 라이브러리와 생산기술 및 제품상용화 솔루션과 천랩의 기술을 융합하여 마이크로바이옴 치료제와 건강기능식품을 개발하는 것을 목적으로 한다. 이후, 2018년 12월 명선의료재단 사과나무치과병원과 ㈜닥스메디와 손잡고 구강 마이크로바이옴 데이터뱅크 설립을 위한 협약을 맺었으며, 2019년 3월 분당서울대병원과 한국생명공학연구원 생물자원센터와 협력하여 건강한 한국인 800명의 대변을 분석하여 한국인 장내 표준 마이크로바이옴 뱅크를 2024년까지 구축하기 위한 첫발을 내딛었다.

천랩은 자체 구축한 최신 분류학과 유전체 기반의 정밀 분류 플랫폼(Precision Taxonomy Platform)을 활용하여 미생물 생명정보를 분석하는 EzBioCloud 플랫폼

---

82) 천랩, 한국IR협의회, 2020.04.09

과, 감염진단 제품인 TrueBac ID에 적용하여 서비스를 제공하고 있다.

최근 CJ제일제당은 인수 금액 약 983억 원에 달하는 생명과학정보 기업 천랩을 인수하고 마이크로바이옴 기반 차세대 신약 기술 개발에 나선다고 밝혔다. CJ제일제당은 천랩의 기존 주식과 유상증자를 통해 발행되는 신주를 합쳐 44%의 지분을 확보하게 된다.

① 미생물 생명정보 플랫폼 및 솔루션
천랩은 유전체 기반의 정밀 분류 플랫폼(Precision Taxonomy Platform)을 근간으로 연구 목적에 따라 서로 다른 데이터베이스를 유의미하게 연동하여 다양한 결과를 도출할 수 있는 환경과 산업적으로 이용할 수 있는 솔루션을 함께 제공한다.

② 마이크로바이옴 기반 헬스케어 - 스마일바이오미(Smilebiome)
출생과 더불어 정착하는 장내 미생물의 건강한 균형 상태는 식습관과 항생제 남용 등으로 불균형 상태로 바뀔 수 있다. 이러한 불균형 상태는 식습관 개선이나 치료로 건강한 상태로 돌아갈 수 있으므로 장내 미생물 모니터링은 마이크로바이옴 헬스케어를 위해서 반드시 선행되어야 하는 단계이다. 이 모니터링을 위해 천랩이 개발한 스마일바이오미는 차세대 염기서열 분석법(NGS; Next Generation Sequencing)을 이용한 장내 미생물 모니터링 서비스로, 간편한 분변 검사키트로 장내 미생물의 건강상태를 분석하면 연계된 의료진이 결과를 확인하고 상태 개선 또는 유지 방법에 대해 상담을 진행한다.

천랩은 유전체 데이터베이스를 구축하기 위해서 군집 내 미생물의 다양성과 타군집과의 비교 또는 여러 환경요인과의 통계 분석도 수행하고 있으며, 현재 13,000종 이상의 진단용 유전체 정보를 보유하고 있는데 이는 타기업의 대표적인 진단 제품들이 보유한 종의 수보다 약 4배 이상 많은 양이다.

과제명	기간	목표
한국인 정상인의 마이크로바이오 메타게놈 분석법 표준화 기술개발	2016.11~ 2024.08	한국인 장내 마이크로바이옴 분석에 활용할 수 있는 생물정보 시스템 최적화 및 표준화
만성간질환 치료용 파마바이오틱스 개발을 위한 장내마이크로바이옴 비교 분석 및 데이터베이스 구축	2018.04- 2022.12	장내 미생물과 간질환 간의 상관관계를 규명하고 간질환 치료에 효능이 있는 신규 파마바이오틱스 발굴

[표 25] 진행중인 국가 연구개발 내용

특허명	등록일
남조류의 유전자 증폭용 프라이머 및 이를 이용한 남조류의 탐지방법	2015.01.13
마이크로시스티스속 균주이 유전자 증폭용 프라이머 및 이를 이용한 마이크로시스티스속 균주의 탐지 방법	2015.03.31
전장 리보솜 RNA 서열정보를 얻는 방법 및 상기 리보솜 RNA 서열정보를 이용하여 미생물을 동정하는 방법 (PCT, 미국, 유럽 특허 출원 중)	2017.11.09
테트라뉴클레오타이드 빈도를 이용한 미생물 정보를 얻는 방법 (PCT, 미국, 특허 출원 중)	2019.07.10

[표 26] 천랩이 보유 중인 국내 특허

10) 지놈앤컴퍼니[83]

[그림 64] 지놈앤컴퍼니

지놈앤컴퍼니는 유전체 분석을 기반으로 건강증진과 긴밀하게 연관있는 마이크로바이옴의 임상적 효능을 연구개발하고 기술이전 등을 통해 사업화하는 신약 개발 전문기업이다. 지놈앤컴퍼니는 기술이전 등을 통한 사업화를 기본 비즈니스 모델로 하고 있다.

지놈앤컴퍼니는 Bed-to-Bench (임상 현장 정보를 기반으로 실험실 연구 개발로 이어지는) 전략의 GNOCLE™ 플랫폼을 구축했다. 또한, 공동 연구 관계를 맺고 있는 국내 유수의 연구 중심병원에서 환자 관련 데이터를 확보하였고, 이후 1) 환자 분변 유전체/대사체 분석을 통해 마이크로바이옴 발굴 2) 암환자의 암조직 유전체 분석을 통해 알려지지 않은 신규 약물 표적을 발굴하고 있다.

마이크로바이옴 파이프라인 GEN-001은 머크·화이자와의 협업으로 비소세포폐암, 두경부암, 요로상피암에서 바벤시오주(Avelumab)와 병용 1/1b상 임상을 미국, 한국에서 진행하고 있다 (STUDY 101). 또한, 해당 글로벌 제약사로부터 약 100억원 상당의 바벤시오주를 무상지원 받고 있으며 2021년 중반 안전성 데이터 공유를 목표로 하고 있다.

다음으로, 한국인 호발 암종(위암 등) 타겟 임상인 STUDY 102는 글로벌회사에 협업 막바지 단계이며 2021년 상반기내 구체적으로 소개할 예정이다. 결과를 기반으로 한 우선검토권을 머크·화이자에 부여하여 글로벌 L/O로 자연스럽게 넘어갈 수 있는 계약을 체결하였으며, LG화학과는 동아시아 권역에 대한 개발 및 상업화 L/O를 체결한 상황이다.

또한, 암조직에 발현하는 신규타겟 물질인 GICP-104를 공략하는 GENA-104 개발로 면역항암제를 개발하고 있다. First-in-Class 면역항암제 개발도 동사 파이프라인의 한 축을 이루고 있는데, 현재 물질 최적화 및 전임상 진행중이며, 빠르면 2021년 1분

---

83) 지놈앤컴퍼니, 키움증권, 2021.01.26

기 내 이미 계약한 삼성바이오로직스와 협업하여 생산공정개발 들어갈 예정이다.

미국 자회사 Scioto Biosciences의 마이크로바이옴 자폐증 치료제는 FDA 임상 1상 IND 승인을 완료했으며, 아토피 및 항암 발진의 주원인인 황색포도상구균(Staphylococcus aureus)을 선택적으로 억제하는 연고 제형 GEN-501은 2021년 말 전임상 완료 및 임상 1상 진입을 목표로 하고 있다.
지놈앤컴퍼니는 마이크로바이옴 면역항암제 파이프라인을 보유하고 있는데, 중요한 사실은 회사가 직접 신규 약물-표적(신규 타깃)을 발굴한다는 점이다. 지노클(GNOCLE™) 신규 약물-표적 발굴 플랫폼을 통해 항체 신약을 개발 중이다. 2022년 4월 미국 뉴올리언스에서 열린 AACR에서 GENA-104, GENA-105, GENA-111 등 신규타깃 항암제 파이프라인의 연구성과를 발표했다.

GENA-104는 T세포의 활성을 저해하는 신규 타깃 CNTN-4를 억제해 인체 내 T세포 활성을 유도해 암세포를 사멸시키는 신규 타깃 면역항암제 파이프라인이다. 현재 삼성바이오로직스와 협업해 생산 공정개발을 진행 중이며 내년 2023년 1분기 임상 1상에 진입하는 것을 목표로 하고 있다.

GENA-105, GENA-111은 전임상 초기 단계의 파이프라인으로 전해진다. GENA-105는 신규 타깃 GICP-105를 억제해 인체 내 T세포 활성을 유도할 수 있다. 회사 측에 따르면, 향후 후보물질을 선정해 본격 개발에 착수할 예정이다.

ADC(항체-약물 접합체) 후보물질인 GENA-111은 해외 바이오텍과 공동개발 중이다. 서 대표는 "GENA-111은 지놈앤컴퍼니에서 발굴한 항체 GENA-111과 스위스 디바이오팜(Debiopharm)의 ADC 기술(Multilink)을 결합해 도출한 것"이라며 "동물 실험에서 우수한 항암 효능이 나왔다. 지놈앤컴퍼니와 디바이오팜이 지속적으로 협업해 전임상을 거친 후 임상까지 진행하는 계획을 목표로 현재 공동연구개발을 진행하고 있다"고 덧붙였다.[84)

---

84) "FIPCO 꿈꾸는 지놈앤컴퍼니, 마이크로바이옴·항체 신약개발 도전" / 히트뉴스

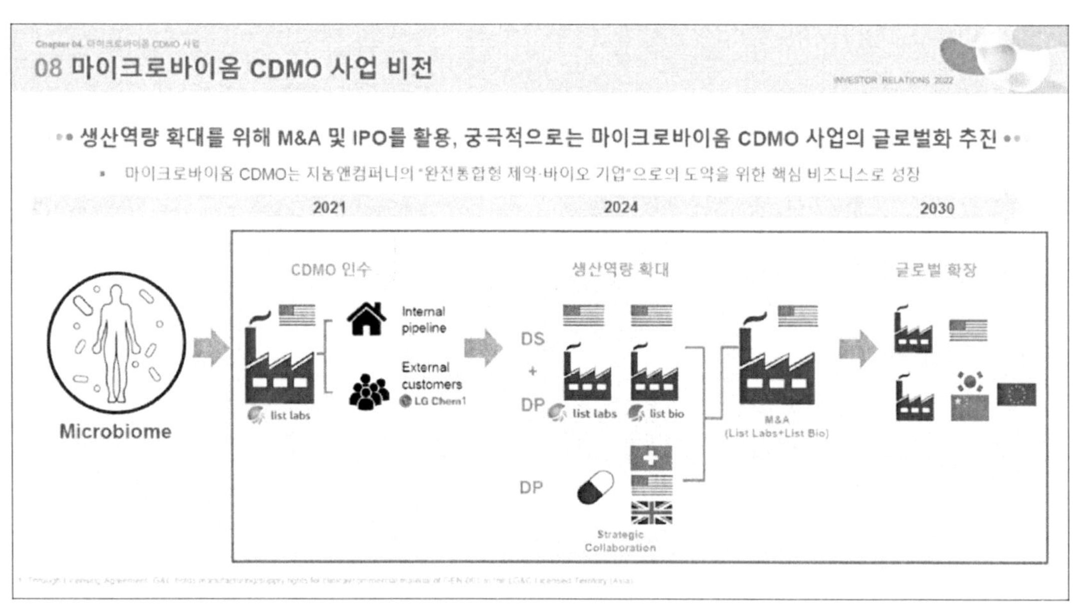

그림 65 지놈앤컴퍼니 IR 자료집

11) 쎌바이오텍[85]

[그림 66] 쎌바이오텍

쎌바이오텍은 1995년 2월에 설립되어 2002년 12월에 코스닥 시장에 상장되었다. 쎌바이오텍은 미생물 전문가 집단으로 구성되어 프로바이오틱스와 관련한 건강기능식품 제조업을 주요 사업으로 영위하고, 자사 브랜드 제품 생산뿐만 아니라 OEM(Original Equipment Manufacturer, 주문자상표부착생산)/ODM(Original Design Manufacturer, 제조자설계생산)생산으로 매출이 발생하고 있다. 또한, 프로바이오틱스 발효 기술을 기반으로 기능성 화장품 브랜드를 론칭하여 화장품 제조 사업을 함께 영위하고 있으며, 대장암 치료제의 개발로 의약품 제조업까지 사업을 확장함으로써 기업경쟁력을 강화하고 있다.

쎌바이오텍은 '듀오락'을 대표 브랜드로 설정하고, 여기서 확장한 제품 포트폴리오를 구축하고 있으며, 이를 위해 연구개발을 지속적으로 추진하고 있다. '듀오락'은 동사의 20년 이상의 노하우를 기반으로 개발된 브랜드로, 제품의 연령별 맞춤형 프로바이오틱스 라인업과 다양한 기능별 프로바이오틱스 라인업을 보유하고 있다.

쎌바이오텍은 World Class 300, 파마바이오틱스 부문, 임상팀 및 공정분석 팀의 전문화된 연구·개발 조직을 보유하고 있다. World Class 300 부문은 유산균 약물전달체, 세포 내 작용 메커니즘, 비임상 시험 및 분리/정제 등의 연구를 수행하는 파트로 세분화되어 있고, 파마바이오틱스 부문은 cGMP 공정 최적화, 균주 관리 및 기능개선, 분석, 정부 과제/특허 및 기능성 연구, NGS(Next Generation Sequencing, 차세대 염기서열 분석)를 이용한 마이크로바이옴(장내 미생물 유전정보) 등 유전자 탐색과 같은 분야로 세분화되어 있다. 또한, 임상팀은 자사 제품의 임상시험을 총괄하는 역할을 하고, 공정분석 팀은 제품의 기능/성분 분석 및 화장품 개발을 진행하고 있다.

또한, 쎌바이오텍은 사업의 다각화를 위해 프로바이오틱스를 이용한 의약품 개발에 참여하였고, 난치성 장 질환의 치료를 위한 항암 치료제를 개발하고 있다. 유산균 및

---

85) 쎌바이오텍, 한국IR협의회, 2020.12.03

인체에서 궤양성 대장염, 대장암 치료 단백질(P8, P14, Cystatin, IL-10)을 분리하고, P8 단백질 유전자를 표적 단백질 전달체인 김치유산균(Pediococcus pentosaceus)에 주입한 유전자 치료제를 개발하여 항암 치료 효과에 대한 데이터를 확보하고 있다. 현재 임상 1상 IND 신청 준비 중이며, 2021년 임상 1상, 2023년 임상 2상 진입과 함께 적응증 확대를 위한 추가 연구를 기획하고 있다.

쎌바이오텍은 지난 20여 년간 프로바이오틱스를 전문적으로 연구하여 유산균의 체내 생존율 및 안전성을 현저하게 높이는 이중코팅 기술을 개발하였다. 쎌바이오텍의 이중코팅 기술은 공기, 수분과의 직접적인 반응을 억제하고, 생리활성 기능을 유지하면서 내열성, 내담즙성을 강화함으로써 생균 안정성 및 가공 안정성을 증대시켰다. 또한, pH 의존성 방출 시스템을 구현하여 위에서 유산균을 보호하고 장에서 활성화되도록 하였고, 이와 관련한 특허를 한국, 미국, 유럽, 일본, 중국 등에서 출원 및 등록하여 쎌바이오텍이 개발한 이중코팅 기술의 독점적 권리를 확보했다.

또한, 후속 연구를 진행하여 이중코팅 유산균에 나노입자를 추가 코팅한 삼중코팅 기술, 이에 식용유지 코팅을 추가한 멀티코팅 기술을 개발하였고, 이를 통해 경쟁사 기술에 대한 압도적 우위를 확보하였다.

쎌바이오텍은 모유 수유를 받은 아기와 건강한 한국인으로부터 분리한 균주, 우리나라 전통 발효음식에서 분리한 균주 등 100% 한국산 유산균 라이브러리를 확보하여 제품을 생산하고 있다. 본 균주를 한국인 대상으로 인체 시험을 수행하여 해당 균주의 안전성을 입증하고, NGS 장비를 활용하여 균주의 WGS(Whole Genome Sequencing, 전장유전체)를 분석, 관리함으로써 균주 안전성을 유지하기 위한 노력을 기울이고 있다.

또한, 쎌바이오텍의 균주는 임상시험/비임상시험을 통해 과학적으로 입증된 특허 받은 것으로, 균주의 안전성을 확보하고 동일한 품질로 제품에 적용하기 위해 미생물 공인기관에 기탁 하였다. 이에 더하여, 쎌바이오텍은 균주별 성장 속도를 고려하여 균주를 과학적으로 배합하여 맞춤형 균주 배합을 설계하고 이를 바탕으로 최적의 제품을 생산하고 있다.

쎌바이오텍은 2015년 World Class 300 기업으로 선정되어 정부 과제 '난치성 장질환 치료제 개발'을 수행하여 대장암 치료제를 개발하고 있다. 유산균 유래 자체 개발 항암 단백질 후보물질인 P8을 동정하고 이의 대장암 치료 효과를 확인하였다. 유산균에 P8 단백질을 코딩하는 유전자를 도입한 PP-P8 균을 제조하였다. 그 결과 PP-P8 균 투여 일수에 따라 대장암 종양 증식이 억제되었고, 시판되는 대장암 치료제(5-Fu)와 비교 시 일부 종양에 대해 유사한 효과를 갖는 것으로 관찰되었다. 다만,

이는 동물 모델을 이용한 실험 데이터로, 인체 적용 시 차이를 보일 수 있기 때문에 인체 실험을 통한 검증이 필요한 것으로 파악된다.

쎌바이오텍은 유산균에서 유래한 P8 단백질 및 이의 대장암 치료 용도에 관련된 기술을 특허 등록하여 기술경쟁력을 확보하고 배타적 독점권을 확보하였다. 2020년 11월 기준 이와 관련된 국내 특허 5건 등록, 국내 출원 4건 진행 중, 해외 특허 1건 등록, 9건 진행 중이다.

출원번호(출원일)	발명의 명칭	등록번호(등록일)
10-2016 0159479 (2016.11.28.)	유산균 유래 P8 단백질 및 이의 항암용도	10-1910808 (2018.10.17.)
10-2018-0003002 (2018.0.09.)	유전자 발현 카세트 및 그를 포함하는 발현벡터	10-1915949 (2018.11.01.)
10-2018-0003005 (2018.01.09.)	시스타틴을 발현 및 분비하는 위장관 질환 치료 약물 전달용 미생물 및 그를 포함하는 위장관 질환 예방 또는 치료용 약제학적 조성물	10-1915950 (2018.11.01.)
10-2018-0003008 (2018.01.09.)	P8 단백질을 발현 및 분비하는 위장관 질환 치료 약물 전달용 미생물 및 그를 포함하는 위장관 질환 예방 또는 치료용 약제학적 조성물	10-1915951 (2018.11.01.)
10-2019-0100347 (2019.08.16.)	영양요구성 마커를 포함하는 재조합 플라스미드 이를 포함하는 항암 약물 위장관 전달용 미생물 및 그를 포함하는 항암 약제학적 조성물	10-2052108 (2019.11.28.)
10-2018-0060702 (2018.05.28.)	유산균 유래 단백질의 활성 단편 펩타이드 및 이의 용도	-
10-2018-0060703 (2018.05.28.)	유산균 유래 단백질과 대장암 타겟팅 펩타이드를 포함하는 융합 단백질 및 이의 용도	-
10-2018-0060704 (2018.05.28.)	유산균 유래 단백질과 항암 펩타이드를 포함하는 융합 단백질 및 이의 용도	-
10-2019-0112682 (2019.09.11.)	유산균 유래 P8 단백질의 발현 컨스트럭트를 포함하는 대장 질환의 치료 또는 예방용 조성물	-

[표 27] 쎌바이오텍 국내 특허 출원 상황

12) 제노포커스[86)]

[그림 67] 제노포커스

제노포커스는 2000년 4월에 효소, 발효물질, 단백질 개량 신약 등의 개발과 생산 및 판매를 목적으로 설립되어 2015년 5월 코스닥 시장에 상장되었다. 제노포커스는 효소 개발 및 제조를 수행하는 기업이다.

효소란 생물체 내에서 각종 화학반응을 촉매하는 단백질로, 생체촉매제 역할을 한다. 효소를 사용한 반응은 기존 화학합성 방법 대비 정밀하고 친환경적이며, 약 108~1,014배 이상의 효율을 나타낸다. 대량생산이 어려워 활성화되지 못하던 과거와 달리 최근 유전공학(유전자 조작기술, 단백질공학기술 등)의 발전으로 효소의 대량생산이 가능해지면서 글로벌 효소업체들이 상업적 성공을 통해 시장을 확장하고 있다. 제노포커스의 주요 매출을 이끄는 제품은 Acetylphytosphingosine, Lactase, Catalase이며, 이 중 Lactase와 Catalase는 제노포커스가 개발한 효소 제품이다.

제노포커스는 효소 생산을 위한 전주기 기술을 보유하고 특별히 동사만의 차별화된 두 가지 기술을 확보하고 있는데 그 첫 번째 기술은 '미생물 디스플레이 기술'이다. 미생물 디스플레이 기술은 목적 단백질이 세포 표면에 노출되어 있고, 해당 유전자가 세포와 물리적으로 결합 되어 있는 생물학적 원리에 따라, 효소의 초고속 개량에 유용하게 활용되는 기술이다. 제노포커스는 박테리아와 포자를 기반으로 한 다양한 디스플레이 기술의 포트폴리오를 보유하고 있어 용도에 따라 최적의 디스플레이 기술을 선택하여 응용 분야에 활용할 수 있는 등 기술적 우위를 가지고 있다. 이는 효소의 개량을 신속하고 정확하게 하도록 하는 효소제조의 핵심기술이다.

제노포커스의 두 번째 핵심 기술인 재조합 단백질 분비발현 기술은 효소의 경제적인 대량생산을 가능하게 하는 기술이다. 현재 상업화된 산업용 효소의 80% 이상이 바실러스와 곰팡이를 이용하여 생산되고 있으며, 제노포커스는 바실러스와 곰팡이를 통한 분비발현 기술을 모두 확보한 기업으로 이는 세계에서 제노포커스와 3개 기업

---

86) 제노포커스, 한국 IR협의회, 2021.03.04

(Novozymes, DuPont, DSM)만이 보유하고 있는 기술이다. 제노포커스는 본 기술을 통해 목적 단백질을 미생물 세포 밖으로 분비 생산하여 세포의 파쇄나 분리정제 없이 고순도의 효소를 대량으로 생산하고 있으며, 이는 제노포커스의 제품이 시장에서 원가 경쟁력을 확보하는데 기여하고 있다.

제노포커스의 주요제품인 Lactase(이하 Lactazyme-B)와 Catalase(이하 KatalaseTM)는 제노포커스만의 기술경쟁력을 가지고 시장점유율을 확장하고 있다. Lactazyme-B는 세계에서 두 번째로 고효율의 GOS를 제조하는 Lactase 효소로, 현재 세계에서 제노포커스와 Amano(일본)만이 제조할 수 있는 효소이다. GOS는 모유 내 주요 면역 증강물질이자 병원균 감염과 식중독, 아토피, 알러지 등을 예방하는 효능이 있어 프리미엄 분유나 기능성 식품에 사용되고 있다.

한편, 제노포커스의 매출 서열 3위를 차지하고 있는 KatalaseTM는 경쟁사의 제품에 대비하여 수질의 pH가 산성 혹은 알칼리성인 조건에서 경쟁기업의 효소 대비 활성도가 높고 고온에서도 안정적인 특성이 있다. 이처럼 pH나 온도 등 극한 환경에서 활성을 유지하는 특성을 활용하여 KatalaseTM는 반도체 생산 공정에 쓰이고 있으며, 원가 경쟁력이 뛰어나 2013년 Catalase 세계 효소 시장점유율 3위를 차지한 바 있다.

제노포커스 SOD 기반 의약품 후보물질		
후보물질	특징	연구 단계
GF-101	건강기능식품 소재	연구자 임상 통한 효능 검증 및 신규 적응증 탐색
GF-103	고순도 단백질 의약품	IBD, AMD 치료제로 글로벌 임상 진행 예정
GF-203	효능 강화 미생물 의약품, SOD 및 치료 기작이 서로 다른 유효물질 장내 생산	치료 효과 극대화
GF-303	SOD 탑재 세포외 소포(EV), 체내 흡수	호흡기 치료제로 개발 중

표 28 제노포커스 SOD 기반 의약품 후보물질

13) 비피도[87)

[그림 68] 비피도

비피도는 1999년 10월 12일 [(C10797)건강 기능식품 제조업]을 주된 사업 목적으로 설립되었으며, 2018년 12월 26일 코스닥 시장에 기술특례로 신규 상장되었다. 비피도는 한국 유아의 장에서 발견하고 대량 배양에 성공한 Bifidobacterium bifidum BGN4 (이하 'BGN4)와 Bifidobacterium longum BORI (이하 'BORI'), AD011 등 Bifidobacterium spp. 균주를 기반으로 프로바이오틱스 원말과 완제품을 제조하여 판매 중이다.

비피도는 배양이 어려운 Bifidobacterium 균주의 대량생산과 제품화에 강점을 보유하고 있다. 특히 비피도는 균주의 분리, 배양, 기능성 및 안정성 평가, 제품화까지 모두 가능한 독자적 기술인 'BIFIDO-Express Platform'을 구축하고 있다. 이는 기술집약적 산업화 프로세스로, 난배양성 비피더스 및 장내 미생물 배양기술, 비피더스 선택적 배양기술, 기능성 균주의 고농도 배양기술, 유전공학을 이용한 기능성 균주 개량기술, 기능성 균주 대량생산과 안정화 기술 및 제품화 기술이 포함된다.

비피도는 보유하고 있는 주요 기술과 관련하여 국내/외 33건의 특허를 확보하여 기술을 보호하고 있다. 또한 비피도는 보유한 핵심 균주인 BGN4, BORI 등을 이용한 임상연구에서 다수의 유의미한 연구결과를 도출하였는데, 설사를 동반하는 63명의 과민성 장 증상 환자를 대상으로 자체 균주 기반의 프로바이오틱스를 투여해 이중맹검법(투약하는 자와 투약 받는자가 어떤 것이 시험약이고 위약인지 모르고 진행하는 실험)으로 연구한 결과 프로바이오틱스 투여 환자군에서 배변횟수 및 배변만족감이 유의적으로 개선되었다.

비피도는 BGN4, BORI, AD011등 Bifidobacterium spp. 균주를 비롯한 다양한 프로바이오틱스 균주를 확보하고 있다. 균주 중에서도 인체에 이로운 대표적인 장내 세

---

87) 비피도, 한국 IR협의회, 2020.06.18

균은Bifidobacterium과 Lactobacilli로 알려져 있으며, 해당 균주는 프로바이오틱스로 가장 많이 사용되고 있다. Lactobacilli는 호기성으로, 배양이 수월한 반면 Bifidobacterium은 배양이 까다로 편인데, 향후 프로바이오틱스 산업에서는 장관면역의 대부분이 대장에서 이루어지는 만큼 사람의 대장환경에 적합한 human origin(인체 유래)의 Bifidobacterium이 주를 이룰 것으로 전망되고 있다.

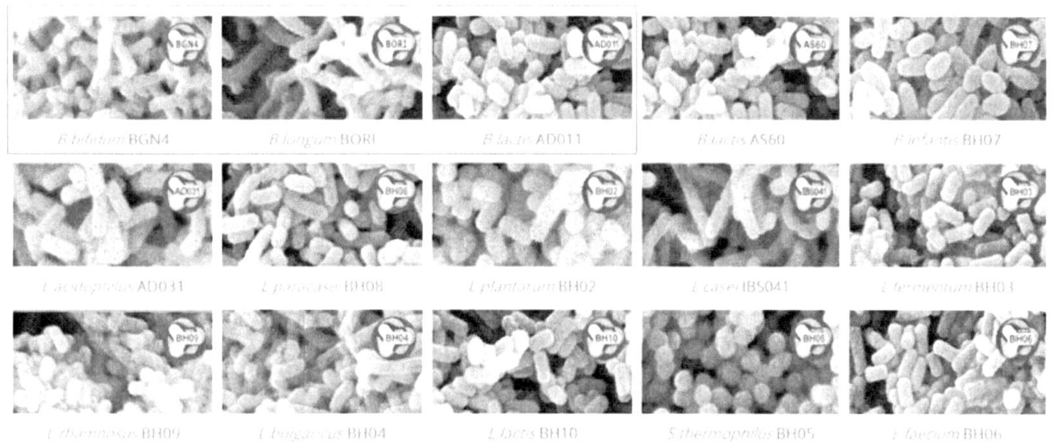

[그림 69] 비피도 보유 균주의 종류

비피도는 Bifidobacterium 균주를 기반으로 한 마이크로바이옴 파마바이오틱스(의약품)를 연구 중이다. 현재 류마티스관절염, 아토피 피부염, 과민성 장 증후군 등의 면역질환 연구를 진행 중이며, 면역관문억제제의 효능을 높이는 연구도 진행 중이다. 특히 비피도는 류마티스관절염 치료제 개발에 가시적인 성과를 보이고 있다. 동사는 류마티스관절염 치료용 파마바이오틱스의 독성시험·실험동물 전임상을 2019년 말 마치고, 2020부터 제형화 임상시험에 돌입했다.

비피도는 2019년 9월 「비피도박테리움을 함유한 류마티스관절염 개선용, 치료용 또는 예방용 조성물」에 대한 국내 특허를 획득하기도 하였다. 특허의 주요 내용은 비피도가 보유한 Bifidobacterium ATT(이하 'ATT') 균주가 관절염 자극원에 의해 과발현된 사이토카인인 IL-8의 발현을 과발현 이전의 수준으로 감소시켜 류마티스관절염 예방 또는 치료에 효능을 보인다는 것이다.

또한 세계 최초로 세레스테라퓨틱스 마이크로바이옴신약 임상3상에 성공해 올해 품목허가(BLA) 신청 예정이라는 소식에 비피도의 마이크로바이옴 신약 파이프라인이 부각되면서 강세를 보이고 있다. 의료계 일각에서는 마이크로바이옴 치료제 유효성에 의문을 제기하고 있으나 세레스테라퓨틱스(SERES Therapeutics)의 마이크로바이옴 치료제 SER-109가 세계 최초로 임상3상에 성공하면서 논란이 불식됐다. SER-109는 3상에서 재발성 장질환(CDI)의 재발률을 위약 대비 30.2% 감소시켰다.

한편 비피도는 가톨릭대와 공동으로 개발 중인 류마티스관절염 치료제가 우수한 치료 효과를 확인했다고 밝힌 바 있다. 연구팀은 지난 5년간 비피도와 마이크로바이옴을 이용한 류마티스관절염 파바바이오로직스 치료제 공동 개발을 추진해왔다. 최근 가톨릭대학교는 비피도에 기술이전을 통해 류마티스관절염 혁신신약 개발을 위한 특허권을 이전했다. 또 비피도 주관으로 임상실험을 조속히 추진하기 위해 미국 식품의약국(FDA)과 미팅을 진행하고 있으며, 임상 연구 수행을 위한 준비 중이다.[88]

---

88) 세계최초 마이크로바이옴신약 임상3상 성공...마이크로바이옴 파이프라인 주목↑ / 파이낸셜 뉴스

마이크로바이옴 정책동향

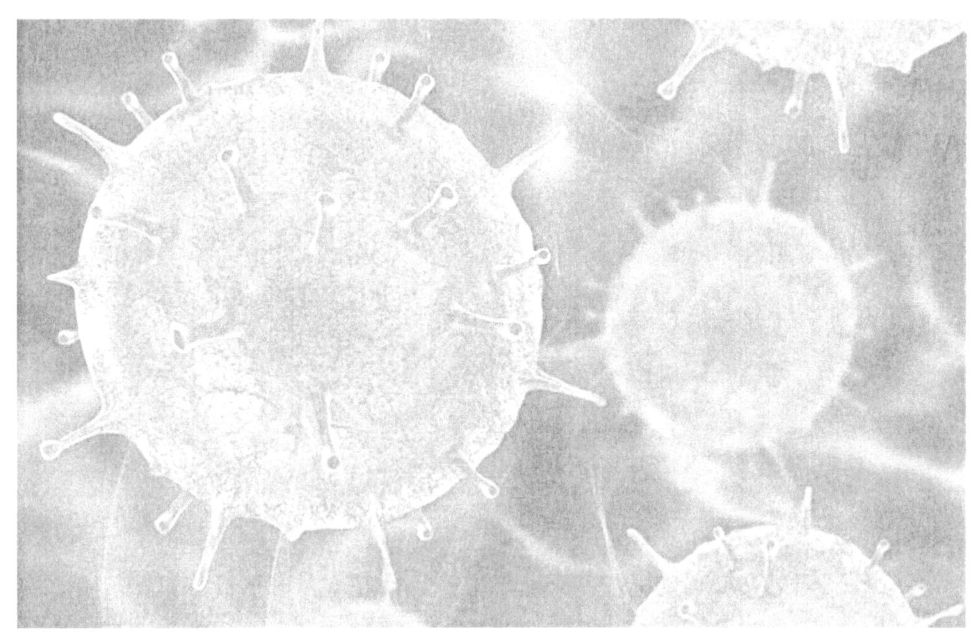

7. 마이크로바이옴 정책동향[89)]

가. 해외동향[90)]

1) 미국

미국은 2007년부터 10년간 미국국립보건원(NIH, National Institutes of Health) 주관으로 인간 마이크로바이옴 프로젝트(HMP, Human Microbiome Project)를 국가적으로 투자하였다. HMP에는 10억 달러 이상의 연구비가 투입되었다.

프로젝트는 1기(HMP 1)와 2기(HMP 2)로 구성되었다. 프로젝트의 목표는 다음과 같았다.

마이크로바이옴 프로젝트의 목표
첫째, 인체 마이크로바이옴의 참조 유전체(Reference Genome)를 인체 다양한 곳의 미생물 구조 및 유전체 서열을 통해서 구축한다. 둘째, 마이크로바이옴 연구 기술 및 분석 방법을 개발하여 공개함으로써 세계 연구자들을 지원한다. 셋째, 인체 마이크로바이옴 변화에 따른 질병과의 연관성을 찾는다.

[표 29] 마이크로바이옴 프로젝트 목표

결론적으로 보자면, 위의 세 가지를 통하여 인간 질병과 건강에 대한 숙제를 푸는 것이 HMP의 최종 목표라고 할 수 있다.

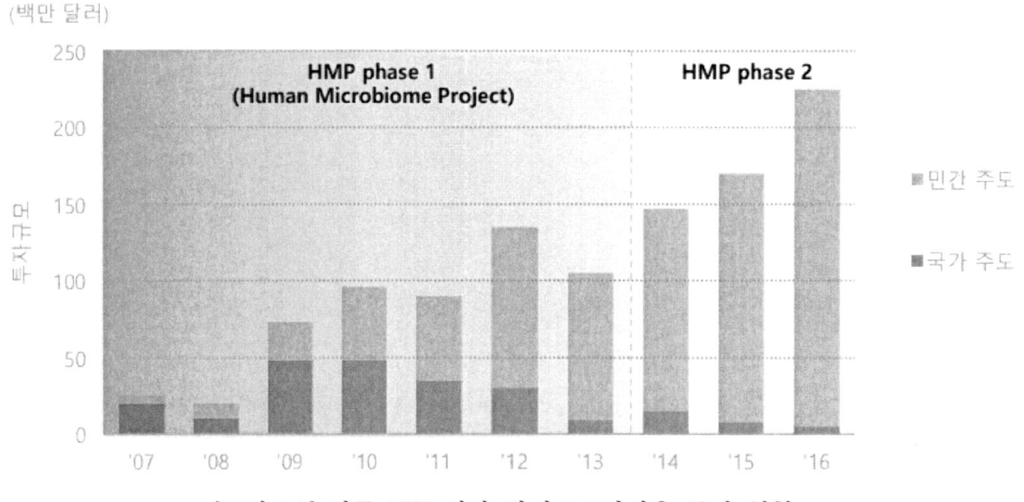

[그림 71] 미국 NIH 인간 마이크로바이옴 투자 현황

89) 마이크로바이옴이 몰고 올 혁명, 삼정 KPMG, 2020.01
90) 식의약 R&D 이슈 보고서 / nifds 2022.07

HMP1은 2007부터 2013년까지 진행되었다. 본 프로젝트에서는 구강, 비강, 질, 소화기, 피부 등 다양한 신체 부위에 서식하는 미생물 집단의 구조 분석과 균주들의 유전체서열 결정을 통해 '참조 유전체 서열 데이터베이스'를 구축했다. 또한 연구된 모든 유전체 시퀀싱 데이터를 관련 메타데이터(Metadata)와 함께 HMP(www.hmpdacc.org)의 데이터브라우저에 공개하여 세계 모든 연구자들이 참고할 수 있도록 했다. 이 결과는 2012년 네이처(Nature)지에 2편의 논문을 기고하면서 마무리 되었다.

HMP2는 iHMP(Integrative HMP, 통합적 HMP)라는 속칭과 함께 2014년부터 2016년까지 수행되었다. 본 프로젝트에서는 1기에서 구축한 인체 마이크로바이옴 집단 구조 및 참조 유전체 데이터를 바탕으로 다양한 멀티오믹스(Multi-omics) 데이터들과 통합적으로 분석하였다. 인간 미생물의 분류학적 구성만으로는 질병에 대한 지표가 될 수 없기 때문에 미생물과 숙주간의 더욱 통합적인 분석이 필요했기 때문이다. 그리하여 iHMP에서 주요 연구주제는 임신 및 조산, 염증성 장질환, 2형 당뇨병과 마이크로바이옴의 상관관계였다.

2016년 미국 오바마 정부는 국가 마이크로바이옴 이니셔티브(NMI, National Microbiome Initiative)라는 대형 프로젝트 계획을 발표한다. 이 프로젝트는 2017년부터 2019년까지 진행했으며, NMI의 세 가지 목표는 다음과 같다.

국가 마이크로바이옴 이니셔티브 목표
첫째, 다양한 마이크로바이옴 간의 협업을 위한 다학제적 연구 지원을 한다.
둘째, 물리적, 생화학적 생태계 내 마이크로바이옴 기초 연구를 추진한다.
셋째, 생물학, 기술, 컴퓨테이션 관련 다학제적 스킬을 보유한 인재를 양성한다.

[표 30] 국가 마이크로바이옴 이니셔티브 목표

NMI에는 연방기관의 1억 2,000만 달러 투자와 민간기금, 기업, 대학 등 이해 관계자들로부터 4억 달러 이상 투자가 활발히 지원되었다. 미국에서는 처음에는 국가 주도적으로 마이크로바이옴 R&D의 인프라를 구축하였지만 현재는 민간이 주도를 해 나가는 양상을 보이고 있다.

부처	내용
농무부(USDA)	토양미생물이 작물과 동물에 미치는 영향 연구
국립보건원(NIH)	미생물이 감염병, 비만, 정신건강에 미치는 영향 연구
과학재단(NSF)	다양한 마이크로바이옴 연구
에너지부(DOE)	바이오 연료 생산

표 31 국가 마이크로바이옴 이니셔티브(NMI), 2016

2) 캐나다

캐나다보건연구원(CIHR, Canadian Institutes of Health Research)은 일찌감치 2008년에 총 50만 달러를 마이크로바이옴에 투자했다. 이후 각 프로젝트는 매년 최대 10만 달러까지 지원 받도록 하여 총 12개 프로젝트를 진행하였다. 해당 프로젝트들은 캐나다보건연구원 내 영양신진대사당뇨연구소, 순환계 및 호흡계 건강연구소, 성과건강연구소, 윤리사무국 등과 연결되어 프로젝트 예산을 지속적으로 확대하였다.

캐나다 식품검사국(CFIA)에서 마이크로바이옴을 포함한 식품 원료에 대한 안전성 검사를 강화하고 있다. 국가 미생물 모니터링 프로그램(NMMP)과 표적 조사 프로그램을 운영하는데 두 프로그램 모두 다양한 국내·외 제품이 무작위로 선택되어 조사한다. 프로그램의 목표는 다음과 같다.[91]

> • 캐나다 규정 및 식품 안전 표준 준수 평가 및 홍보
> • 다양한 식품 안전 통제
> • 새로운 위험요소 식별 및 특성화
> • 추세 분석 정보 제공 및 건강 위험 평가 촉진 및 개선

또한 2009년 캐나다보건연구소 전염 및 면역연구소에서 캐나다 마이크로바이옴 이니셔티브를 발족하며, 2010년부터 2012년까지 총 1,330만 달러의 예산을 투입했다.

3) 일본

일본은 2016년 경제산업성 산하 바이오소위원회를 설립하여 바이오기술을 5차 산업혁명으로 규정하고 의료, 에너지, 제조, 농업 등 다양한 분야와의 융합을 통해 중장기 대책을 마련하여 추진 중이다.[92] '20년 12월 [바이오기술이 열어가는 포스트 4차 산

---

91) https://inspection.canada.ca/food-safety-for-industry/food-chemistry-and-microbiology
92) 日,제5차산업혁명'추진…주목받는바이오산업",Kotra,

업혁명]을 발표하며 마이크로바이옴 제어기술 개발을 중점 연구과제로 선정했다. 새로운 의약품, 의료기기 분야의 조기 실용화를 지원하기 위해 임상연구, 치료, 심사, 안전대책, 보험적용, 해외진출까지 지원하는 사키가케전략패키지를 추진중이다.

고베 지역에 최대 규모의 바이오 클러스터를 운영 중이며, 다케다, 후지필름, 이화학연구소(RIKEN) 등 340여 개 기업과 연구소가 모여 공동연구를 수행중이다. 신경 관련 병 치료의 임상연구 전 단계의 줄기세포 이용기술 개발, 줄기세포 관련 생물학과 다른 첨단공학의 융합에 의한 새로운 실용기술의 개발, 생활습관병 치료법 개발을 위한 포괄적인 연구를 진행중이다. 핵심 연구기관으로 첨단의료센터, 발생재생 과학종합연구센터, 교토대학, 고베대학 등이 있고, 참가 연구 기관으로는 오사카대학, 국립순환기병센터연구소, 고베시립중앙시민병원 등이 존재한다.[93]

4) EU

유럽의 경우 2008년 전 세계 과학 커뮤니티에서 데이터를 자유롭게 공유하도록 국제 인간마이크로바이옴 컨소시엄(IHMC, International Human Microbiome Consortium)을 발족했다. 이 컨소시엄에는 EU 및 타 지역의 총 13개국이 가입하여 데이터 공유와 표준화의 중요성을 제고했다. 한국도 이곳에 가입되어 있다.

또한 2008년부터 2012년까지 유럽을 중심으로 인간 장내 메타게놈 프로젝트(MetaHIT)가 진행됐다. 본 프로젝트에는 2,100만 유로의 예산이 들어갔으며, 8개국(네덜란드, 독일, 덴마크, 이탈리아, 영국, 스페인, 중국, 프랑스)의 14개 정부 및 기업 연구소와 50명 이상의 연구 책임자가 참여했다. MetaHIT 프로젝트에서는 인간의 건강과 장내 마이크로바이옴의 연관성을 밝히는 데 주안점을 두었다.

그 결과 장내 마이크로바이옴 구성 미생물 유전자의 참조 카탈로그를 만들고, 개인별로 유전자 비율이 얼마나 차이나는지 보는 분석법을 개발했다. 나아가 건강한 사람과 아픈 사람의 장내 마이크로바이옴의 유전자 구성이 어떻게 다른지도 분석했다. 또한 마이크로바이옴의 데이터를 통합·관리하는 생물정보학적 방법론을 개발 및 공개했다. 무엇보다 괄목할 만한 성과는 장내 마이크로바이옴의 염기서열 분석을 통해서 장내 마이크로바이옴의 구성 유전자는 330만 개 이상이며 최소 1,000여 종 이상의 미생물이 살고 있다는 것을 밝힌 것이다. 그리고 이 수는 다른 신체 부위에 사는 모든 미생물의 수를 합친 것보다 많다고 분석했다. 따라서 네이처지에 기고된 논문에서는 장내 마이크로바이옴의 중요성을 다시 한번 강조하면서 '인간의 두 번째 게놈'이라는

---

https://dream.kotra.or.kr/kotranews/cms/news/actionKotraBoardDetail.do?SITE_NO=3&MENU_ID=180&CONTENT
93) "오사카·고베·교토에'재생의료클러스터'…산-학-병-연손잡고기초연구에임상까지",한국경제,https://ww
w.hankyung.com/it/article/2017101682891,2017.10

용어를 언급한다.

본 프로젝트는 마이크로바이옴이 만성 질환의 조기 진단, 개인 맞춤형과 생애 주기별 약품개발, 특정 질환 치료 대상 영양제 개발의 가능성을 제시했다. 이후 2013~2017년에 유럽에서는 'Horizon 2020 프로그램'을 통해 펀딩을 지원하기 시작했다. 5년 동안 1,200만 유로 예산이 투입되었다. 이 기간의 주요 프로젝트는 MyNewGu, MetaCardis 등 이 있었으며 장 내 마이크로바이옴이 인체 건강에 미치는 영향과 메커니즘 및 식습관과의 관련성에 대해서 집중적으로 연구되었다.

결론적으로 미국과 유럽의 대표적 국제 대형 프로젝트인 HMP 및 MetaHIT으로 마이크로바이옴과 인간 건강의 연관성이라는 긴 연구 항해의 큰 돛을 올리게 된 것이다. 즉, 마이크로바이옴의 구조의 데이터베이스와 장내 마이크로바이옴의 참조 유전자 카탈로그 연구가 시작되었다. 연구자들은 1,000여 종의 미생물 유전체 서열을 분석했고 건강한 사람과 그렇지 않은 사람 간 미생물이 어떻게 다른지도 알아내었다. 더 나아가 이 모든 관련 데이터와 개발한 생물정보학적 분석 방법론을 공개함으로써 전 세계 수많은 연구자들이 인간 마이크로바이옴 연구에 박차를 가하고 있다.

5) 프랑스

프랑스는 2013년부터 2017년까지 공공과 민간이 함께 시험 프로젝트를 운영했다. 프랑스국립농업연구소(INRA, National Agricultural Research Institute)는 프랑스 미래투자이니셔티브와 함께 공동 펀딩을 통해 받은 1,990만 유로로 마이크로바이옴 치료제를 개발하는 메타제노폴리스(MGP, MetaGenoPolis)를 추진했다. 본 프로젝트의 목표는 인체 장내 마이크로바이옴과 건강 및 질병의 상관관계를 밝히는 것으로 총 80명의 연구원으로 구성되었다. 또한 장내 미생물의 중개 연구에 초점을 두어 생물자원은행 (바이오뱅크), 시퀀싱의 효율화, 기능성 메타지노믹스(Metagenotmics) 및 빅데이터 저장과 분석뿐만 아니라 윤리센터까지 다각도의 연구 플랫폼을 운영하고 있다.

6) 영국

영국은 2018년 Quadram Institute(QI) 라는 마이크로바이옴 연구소를 설립했다. 투자금은 바이오 기술 및 과학 연구위원회(BBSRC)와 식품연구소(IFR), 노포크 및 노르위치종합병원(NNUH)에서 수백만 파운드를 유치했다. 이에 주요 의과 대학의 위내시경 전문가들이 연구에 투입하여 장내 마이크로바이옴에 대한 연구를 이어나가고 있다.

7) 아일랜드

바이오 선진국인 아일랜드에서는 2003년 코크대학 내 공공주체와 민간이 함께 영양 APC(Alimentary Pharmacobiotic Centre)라는 아일랜드 마이크로바이옴 연구소를 설립했으며, 2013년부터 총 7,000만 유로의 예산으로 소화기 장애를 일으키는 만성질환에 대한 치료제 개발을 중점으로 연구를 지속하고 있다. 또한 2008년부터 2013년까지 아일랜드 정부는 'ELDERMET'이라는 노인 대상 메타지노믹스 연구 프로젝트를 추진하며 65세 이상 노인 그룹의 식습관과 장내 마이크로바이옴의 상관성 분석을 추진하였다.

8) 독일

최근 독일 경제정책의 큰 틀과 차세대 산업육성방안 등을 담은 '국가산업전략 2030 (Industriestrategie 2030)'을 발표하였다. 세계 식량문제, 기후변동, 환경문제에 대응하기 위한 바이오 및 에너지 전략을 입안했다. 지속가능한 바이오경제로의 전환을 위해 화석원료를 바이오 기반의 플라스틱과 천연섬유를 활용한 하이브리드 재료로 대체하고자 한다. 동식물 및 유기물질을 비롯한 생물자원을 활용하여 효율적으로 자원을 사용하고 지속가능한 생산 공정을 구축함으로써 바이오경제를 실현하고자 한다.

나. 국내 동향

한국은 2011년부터 EU 주도의 국제 인간마이크로바이옴 컨소시엄(IHMC, International Human Microbiome Consortium)에 동참하고 있다. 또한 2017년 과학기술정보통신부의 제2차 생명공학육성기본계획(바이오경제 혁신전략 2025)에서 마이크로바이옴을 미래유망기술 분야로 선정하기도 했다.

하지만 아직까지 한국은 마이크로바이옴 관련 체계적인 투자 및 연구 체계와 관련 인·허가 제도가 마련되어 있지 않다. 2016년 정부는 마이크로바이옴 관련 R&D비로 약 242억 6,500만원을 투자한다고 발표했다. 하지만 인간 마이크로바이옴 연구만을 위한 대대적인 규모를 가진 사업과 투자는 아직까지 없었다.

현재는 각 정부 부처 26 곳에서 123개 과제로 분산되어 있는 실정이다. 또한 2019년 10월 식약처의 설명자료에 따르면 마이크로바이옴 유래 의약품에 대해 국내 허가를 받고자 할 경우, 일반적인 의약품 허가절차에 따라 임상시험 및 품목허가를 신청할 수 있도록 하고 있다. 이에 따라 정부는 2019년 말을 목표로 '마이크로바이옴 산업 육성을 위한 가이드라인' 등 법률을 제·개정 중이라고 2019년 5월 발표했다. 특히 미생물 기반 의약품 인허가 제도는 개발 및 제조 등 각 단계에서 필요 요건을 제시하는 것을 목표로 한다.

또한 임상시험 승인과 품목 허가·심사에 대한 제출자료 리스트와 제조·품질관리기준 자료요건이 포함될 예정이다. 더불어 식약처는 미생물기반 의약품 안전관리 및 산업지원을 위한 연도별 정책 로드맵을 만들고, 해당 명칭과 제제를 정의하고 약사법에 따른 안전관리 체계를 갖추도록 아직까지 준비하고 있는 중이다.

2020년 9월 21일 정부는 '그린바이오 융합형 신산업 육성 방안'을 팔요했다. 그린바이오 5대 유망산업을 2030년까지 2배 이상 성장시키기 위한 체계적인 전략 및 이행계획을 담고 있다. 그린바이오 산업의 자율적 성장 토대를 구축하기 위해 핵심기술 개발, 빅데이터, 인프라, 그린바이오 사업화 전주기 지원, 그린 바이오융합 산업생태계 구축을 중점과제로 추진중이다.
이를 토대로 마이크로바이옴, 대체식품·메디푸드, 종자, 동물용 의약품, 기타 생명 소재(곤충, 해양, 산림)를 5대 유망산업 분야로 육성해 나간다는 계획이다. 마이크로바이옴은 프로바이오틱스, 생물농약·비료·사료첨가제 및 환경 분야를 중점적으로 육성한다. 한국인 표준 장내 미생물 정보, 식품용 미생물 유전체 DB를 구축하고, 맞춤형 식품설계 기술(AI 등 활용), 유익균(대사산물 포함) 소재 발굴, 효과 검증 등 산업화를 지원한다. 마이크로바이옴에 기반을 둔 생물비료·농약, 사료첨가제, 난분해성 폐기물(페비닐 등) 처리제 등의 개발을 지원하고 제도를 개선 중이다.

마이크로바이옴 육성방안은 아래와 같다.

· 마이크로바이오 육성방안 : '19 국내 산업규모 2.9조 원 → '30 7.3조 원(연평균 8.9%)

 - 마이크로바이옴 빅데이터 수집·개방을 통한 식품산업 고도화

   * 한국인 장내 미생물 정보, 식품용 미생물 유전체 데이터베이스(대사산물 정보 포함) 구축 및 개인 맞춤형 식품설계 기술(AI 등 활용) 기반 강화

   * 유익균 및 대사산물 소재 발굴, 효과 검증 등 산업화 연구개발 지원

 - 동식물에 사용되던 화학제제(농약,비료,사료첨가제 등)를 미생물제제로 전환

   * 마이크로바이옴 기반 생물비료·농약, 사료첨가제 등 개발 연구개발 확대

   * 미생물 배양, 시제품 생산 등 상용화 지원 및 제도 개선

   * 미생물 효능평가·배양, 제형화·안전성평가(최종 제품화 단계) 등 지원

   * [농약관리법], [비료관리법] 상 등록 절차 간소화, 심사 기간 단축, 수수료 인하 등 추진

 - 수질오염·폐기물 등 환경 개선을 위해 마이크로바이옴 기술 적극 활용

   * 수질 개선제, 난분해성 폐기물(폐비닐 등) 처리제, 화학 살균·소독제 대체재, 적조 유발 플랑크톤 제어, 잔류농약 저감 등 기술개발 강화

표 33 마이크로바이옴 육성방안

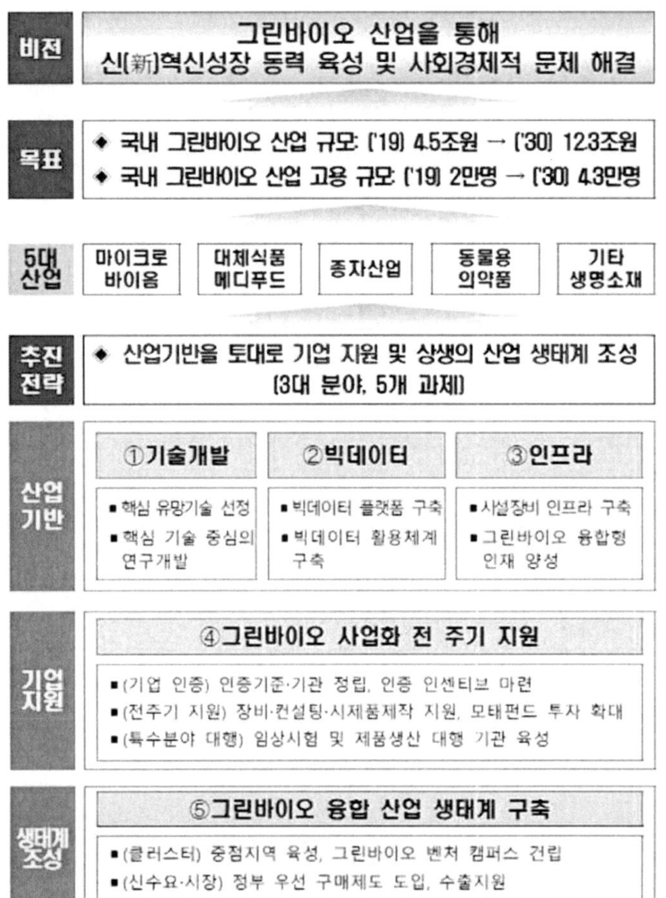

그림 72 그린바이오 융합형 신산업 육성방안

 2020년 11월 18일에는 바이오헬스 산업 사업화 촉진 및 기술역량 강화를 위한 전략을 발표했다. 미래 바이오산업의 경쟁력을 확보하기 위해 '바이오산업 사업화 촉진 및 지역기반 고도화 전략'과 '바이오 연구개발 고도화 전략'을 포함한 정책을 제시했다. 이종 분야 간 연구협력 강화, 미래 파급력이 있는 핵심기술 확보, 원천기술-응용·실증과 연계체제 구축, 연구시설·자원 확충 및 공유 등 추진 중이다.

융합과 혁신 가속화로 K-바이오 육성

기본 방향

- ① 바이오 기술융합 확대 → 신기술·신산업 창출 가속화
- ② 바이오 핵심기술 선제적 확보 → 기술경쟁력 제고
- ③ 바이오 연구혁신 가속화 → 연구효율성 향상

핵심 전략 및 실천 과제

1 바이오기술 융합 및 적용 확대

- 4대 핵심분야에 바이오기술 접목 → 핵심분야 고부가가치화
- 첨단기술을 바이오기술에 융합 → 바이오 기술고도화
- 바이오기술을 사회시스템에 접목 → 건강하고 안전한 사회구축
- 바이오 기술 융합 실증프로젝트 추진

2 공통 핵심기술 확보 및 활용

- 중점지원 대상 공통핵심기술 선정
- 분야별 특성을 감안한 전략적 지원 → 미래 핵심기술 확보
- 핵심기술 지속 발굴 · 육성 및 성과관리

3 바이오 연구혁신 인프라 고도화

- 바이오 기술 융합 친화적 연구환경 조성
- 혁신 · 도전적 연구 촉진을 위한 연구 프로세스 혁신
- 연구 데이터, 장비 등 바이오 연구 핵심 기반 확충
- 창의적 연구가 사업화까지 이어질 수 있는 생태계 조성

그림 73 정책 비전 및 전략

[바이오산업 사업화 촉진 및 지역기반 고도화 전략]과 [바이오 연구개발 고도화 전략] 세부 내용은 아래와 같다.

1) 바이오 산업 사업화 촉진 및 지역기반 고도화 전략

- 의약품·의료기기·디지털 헬스케어 분야 별 기업의 사업화 및 시장진출 촉진 지원 강화
- 지역 클러스터의 전략적 육성 및 기업 지원 역량을 강화해 바이오헬스 지역 기업의 성장 촉진 **(바이오 공통핵심기술 확보 및 활용)**

2) 바이오 연구개발 고도화 전략

- 바이오 기술의 융합확대를 통한 신기술, 신산업 창출 활성화, 핵심기술의 선제적 확보를 통한 기술 경쟁력 제고 및 연구 인프라 고도화 추진

- 선제적 지원을 통해 마이크로바이옴, 합성생물학, 유전자편집 등의 대표 기술에 대한 원천기술과 응용기술의 동시 확보 및 우수 연구 집단 육성 **(바이오 공통핵심기술 확보 및 활용)**

3) 공통사항
- 바이오의 공통핵심기술을 확보하는데 있어 중점 지원 대상 공통핵심기술을 우선 선정해 분야별 특성을 감안한 전략적 지원 예정

*범용플랫폼 기술 : 마이크로바이옴, 합성생물학, 유전자편집 등
*분석·공정 기술 : 바이오 이미징, 오가노이드, 단일세포 분석 등
*미래유망 융합기술 : 바이오칩, 유전자·단백질 합성, 인공세포 제작 등

　마이크로바이옴은 국가 전략의 큰 테두리 안에서 정부·민간 협력이 필수적인 분야이다. 따라서 한국의 경우 국가 차원에서 마이크로바이옴 연구진흥을 위한 마스터플랜이 필요하다. 또한 장내 미생물의 특성상 국가별로 상이한 차이가 있으므로 한국인 장내 미생물 참조 유전체 정보 확립이 선행되어야 한다. 이를 기반으로 전 세계적인 연구에 동참하고 교류해야 할 것이다.

　지금 한국의 마이크로바이옴은 공공과 민간이 긴밀하게 협력하여 체계적이고 장기적인 투자와 R&D를 해야 하는 상황으로 분석된다. 공공성을 기반으로 하는 R&D 인프라 시스템이 구축되고 특별히 질환과 치료에 중점을 둔 산학간의 체계적인 연구추진이 필요하다. 이렇게 될 때에 마이크로바이옴 관련 대한민국의 국제 경쟁력이 높아질 것이다.

8

결론

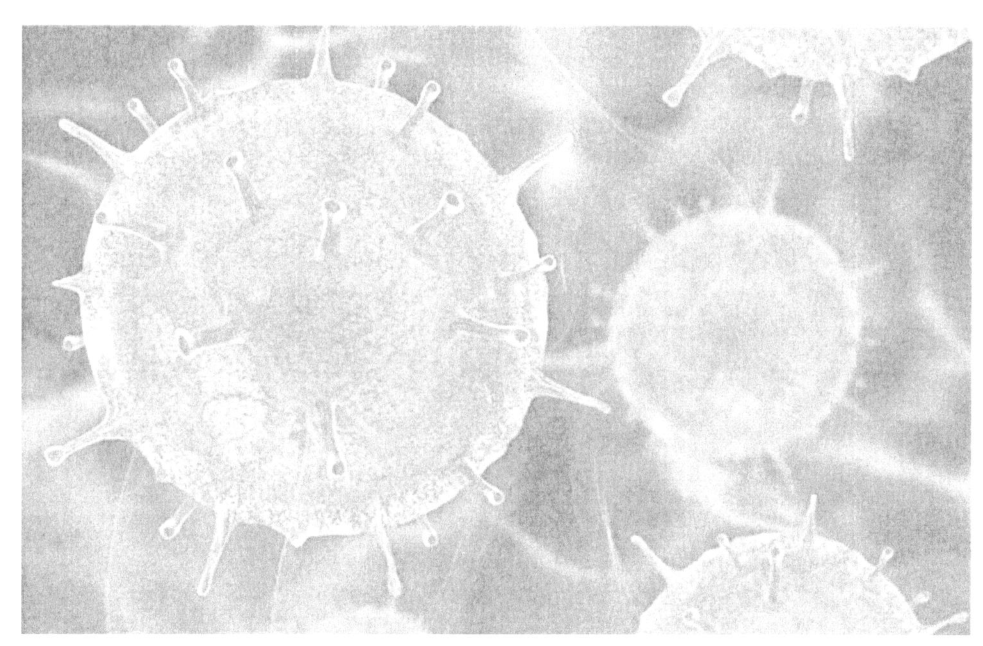

8. 결론

① 시장 선점과 모니터링 필요

 마이크로바이옴 산업은 타 산업 대비 상대적으로 높은 기술력과 자본 집약 산업으로 R&D 기간과 비용이 성패를 가른다. 또한 우수한 R&D 성과가 가장 중요한 성공요인이다. 성공적인 R&D 실적이 있을 시, 확실한 시장 비교 우위와 즉각적인 성공이 따라온다.

 때문에 미국을 비롯한 선진국과 글로벌 대기업들은 막대한 자본을 마이크로바이옴에 투자함으로써 시장 선점 효과를 노리고 있다. 미국의 경우 약 811억 달러 규모(2019년 기준)의 글로벌 마이크로바이옴 시장 선점을 위하여 정부 주체로 2007년부터 2016년까지 약 10억 달러 이상의 연구비 투자 이후 민간 투자가 더욱 활성화 되면서 매년 글로벌 대기업과 벤처캐피털 등으로부터 투자금이 흘러 들어오고 있다.

 마이크로바이옴은 기업을 떠나 국가적 신성장동력이 될 수 있는 분야이다. 또한 고용 효과 및 인류 건강까지도 그 효용성이 확대될 수 있는 분야로 정책적인 혁신과 함께 기업의 선제적인 투자가 이루어진다면 후발주자도 선도주자로 급부상할 수 있다. 이를 위해서 국내 기업들도 더 늦기 전에 글로벌 시장 선점을 위해 선도적인 R&D 활성화와 투자가 필요하다. 아울러 미국과 유럽의 마이크로바이옴 표준연구프로세스와 정보시스템 구축과 글로벌 대기업의 R&D과 투자 동향에 대한 지속적인 모니터링을 통해서 글로벌 시장의 경쟁적 우위 선점을 위한 전략 구축을 해야 할 것이다.

② 장기적 전략 구축 필요

 마이크로바이옴은 대표적인 융·복합산업이다. 기술력 확보 시 식음료, 화장품, 치료제 및 진단 분야까지 확장성이 크다. 융·복합산업의 가장 큰 특징은 근시안적(Myopia) 전략을 지양하고 장기적이고 체계적인 전략 구축이 필수불가결 하다는 것이다.

 이미 글로벌 식품, 화장품, 헬스케어 기업들은 다학제적 협력 구축은 물론이고 산업 간 경계를 넘는 다양한 파트너십을 구축하고 있다. 대표적인 글로벌 식품 업체인 프랑스의 다논과 미국의 네슬레의 경우에는 장내 미생물 개발을 위해 지속적으로 새로운 대학 연구소와 파트너십을 통해 R&D 투자를 하고 있다.

 다국적 제약사들도 전통 치료제 시장에 안주하지 않고 미충족 의학적 수요(Unmet Medical Needs) 영역인 암과 신경계질환 등에 대한 해결 가능성이 있는 신약 개발을 위해 수많은 마이크로바이옴 벤처 기업들과 파트너십을 통해 장기적인 연합 전략을 펼쳐나가고 있다. 기술적 난이도가 높은 마이크로바이옴 시장에서의 성공은 어떤 플레이어가 빠르게 성공적인 윈윈(Win-Win) 파트너십 전략을 구축하는지에 달려있다고 해도 과언이 아닐 것이다.

 이러한 마이크로바이옴의 융·복합적인 특성은 기업들에게 기회요인이기도 하지만 위협요인일 수도 있다. 포화된 기존 시장에서 신성장동력으로 삼을 수도 있지만 타 영역에서의 플레이어가 새로운 경쟁자로 부상할 수도 있다는 것을 의미하기 때문이다.
 따라서 기업들은 전통 산업 카테고리에 고착하지 말고 타산업에서 새로운 경쟁 플레이어가 들어올 수 있음에 위기감을 느끼고 경쟁역학 다이내믹스를 넓은 시각으로 확장하여 대응 방안을 모색해야 할 것이다.

 국내 마이크로바이옴 시장의 경우 초기 형성 단계로 먼저 형성된 북미와 유럽 시장을 따라가고 있는 상황이다. 큰 규모의 투자금과 보다 높은 수준의 기술력 확보를 위해서 국내 기업들은 규제 등을 포함한 제한적인 국내 시장에만 국한될 것이 아니라 국경을 넘는 협업 전략 구축을 고려해야 한다.

 국내 기업은 기술력 및 신성장동력 확보를 위해 해외 마이크로바이옴 벤처 투자 전략을 모색해 볼 수 있다. 국내의 식음료, 화장품, 제약 및 진단 기업의 신성장동력으로 마이크로바이옴을 고려하고 있을 경우 해외로 그 투자 범위를 확장하여 보다 높은 기술력을 확보하고 있으며 사업확장 타당성이 높은 기업에 투자할 수 있기 때문이다.94)

---

94) 마이크로바이옴이 몰고 올 혁명, 삼정 KPMG, 2020.01

참고문헌

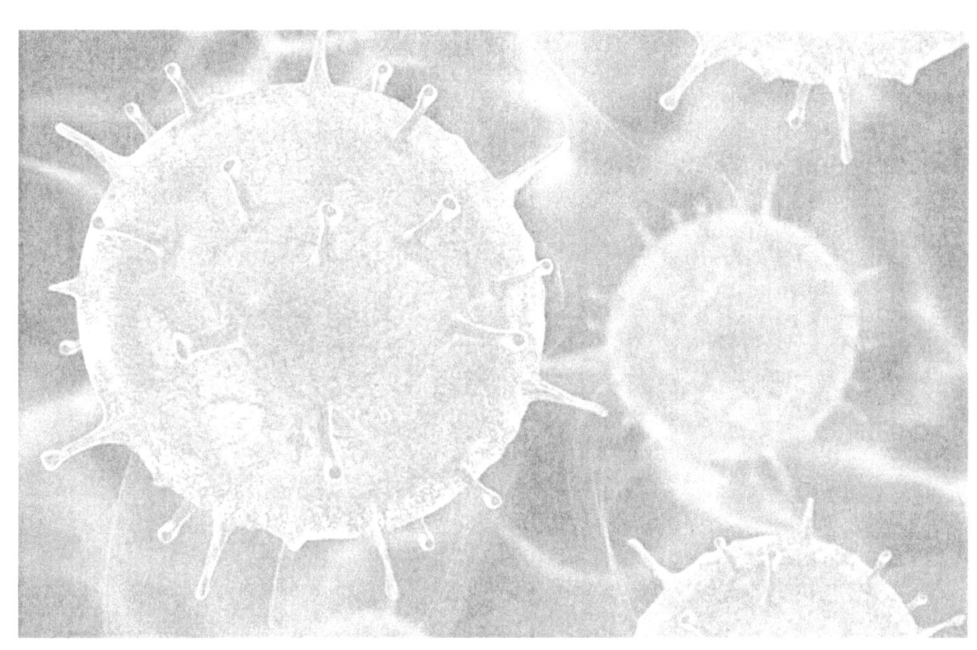

9. 참고문헌

1) [강신종 쌤의 '재미있는 과학이야기' (32)] 마이크로바이옴, 한국경제, 2018.10.22
2) 마이크로바이옴이 몰고 올 혁명, 삼정 KPMG, 2020.01
3) 차세대 염기서열 분석법(NGS): 대량으로 한꺼번에 유전체의 염기 서열 정보를 얻는 방법(Massive parallel sequencing)으로 하나의 유전체를 작게 잘라 많은 조각으로 만든 뒤, 각 조각의 염기 서열을 읽은 데이터를 생성하여 이를 해독하는 것
4) 오믹스(Omics): 전체를 뜻하는 말인 옴(~ome)과 학문을 뜻하는 익스(~ics)가 결합한 합성어. 생물학을 총체적으로 이해하고 유전자, 전사물, 단백질, 대산물 등 각 부분들의 관련성으로부터 새로운 지식을 대량으로 창출하는 새로운 연구 방법론
5) 마이크로바이옴이 몰고 올 혁명, 삼정 KPMG, 2020.01
6) 상재균은 숙주에 정상적으로 존재하는 세균, 공생균은 숙주에 질병을 유발하지 않고 함께하는 미생물, 병원균은 동식물에 기생해서 병을 일으키는 능력을 가진 세균
7) 장내미생물의 재발견 :마이크로바이옴, 생명공학정책연구센터, 2019.10
8) 마이크로바이옴 연구 시작하기:연구 현황 및 방법, 김병용, 천랩, 한국간재단
9) 마이크로바이옴 연구 시작하기:연구 현황 및 방법, 김병용, 천랩, 한국간재단
10) 피부 마이크로바이옴 기반 화장품 및 치료제 산업 동향, 한국바이오협회, 2020.11
11) 한국의과학연구원
12) 구강 마이크로바이옴 연구 동향, BRIC View 동향, 2021
13) 마이크로바이옴 연구개발 동향 및 농식품 분야 적용 전망, 농림식품기술기획평가원, 2017.12
14) 유전체 연구 및 활용기술, BT기술동향보고서, 2007
15) 인프라 : 유전체학 관련 R&D를 수행할 때 활용하게 되는 자원, 생물정보학적인 도구, 기술적인 지원 조직 등(예 : 조직은행, microarray core 등)
16) 원천기반기술 : 유전체학의 여러 응용 R&D를 수행함에 있어서 공통적으로 활용되는 기술(예 : DNA chip 제작기술)
17) 단일세포 유전체 분석기술 특허분석 보고서, KPIPC, 2017.11
18) 단일세포 시퀀싱 분석 기술, NRF R&D Brief, 2020.12.14
19) Next Generation Sequencing 기반 유전자 검사의 이해(심화), 식품의약품안전평가원
20) Next Generation Sequencing 기반 유전자 검사의 이해(입문), 식품의약품안전평가원
21) 천랩, 한국IR협의회, 2020.04.09
22) 마이크로바이옴이 몰고 올 혁명, 삼정 KPMG, 2020.01
23) 한국과학기술정보연구원 ASTI MARKET INSIGHT 2022-053
24) 식의약 R&D 이슈 보고서 2022.07
25) 과기정통부, 제36회 생명공학종합정책심의회 개최|작성자 국무조정실 규제혁신
26) 식의약 R&D 이슈 보고서 2022.07
27) 피부 마이크로바이옴 기반 화장품 및 치료제 산업 동향, 한국바이오협회, 2020.11
28) 소낙스 신제품 에어컨/히터 탈취제 출시…"프로바이오틱스로 공기도 건강하게" / 파이낸스 투데이
29) "North America Microbiome Market by Product (Consumables, Instruments, Sequencing & Services), Application (Therapeutic, Diagnostic), Disease (Infectious Disease, Cancer), Technology (Sequencing, Microbial Culturing), Country - Forecast to 2028"
30) Mordor Intelligence, "Europe Microbiome Market - Growth, Trends, COVID-19 Impact, and Forecasts (2021 - 2026)"
31) "Asia-Pacific Microbiome Market Forecast to 2027 - COVID-19 Impact and Regional Analysis by Product ; Application ; Type ; Disease ; Research Type, and Country"
32) 마이크로바이옴 시퀀싱 (Microbiome Sequencing) 산업 현황, 한국바이오경제연구센터, 2017.06
33) 미국의 Handelsman 박사가 처음 사용한 용어로 '환경 시료에 존재하는 모든 유전체의 집합'을 일컬음
34) 구강 마이크로바이옴 연구 동향, BRIC View 동향, 2021
35) 프로바이오틱스의 진실과 허구, BRIC View, 2020
36) 구강 마이크로바이옴 연구 동향, BRIC View 동향, 2021
37) 피부 마이크로바이옴 기반 화장품 및 치료제 산업 동향, 한국바이오협회, 2020.11
38) 마이크로바이옴 연구개발 동향 및 농식품 분야 적용 전망, 농림식품기술기획평가원, 2017.12
39) 작물을 한 개의 생물체로 보지 않고 작물과 주변 미생물 군집의 연합체로 간주해 연합체의 유전체정보 간 상호작용을 통해 작물의 기능이 조절될 수 있다는 개념
40) 바이오마커(Biomarker): 소위 단백질, DNA(유전체) RNA(전사체), 대사물질 등을 이용해 신체 내의 변화를 알아낼 수 있는 지표로 많은 과학 분야에 이용됨. 의약품에서 바이오마커는 건강과 장기의 기

능을 검사하는 데 사용되는 추적 가능한 물질을 의미함
41) 마이크로바이옴이 몰고 올 혁명, 삼정 KPMG, 2020.01
42) 마이크로바이옴이 몰고 올 혁명, 삼정 KPMG, 2020.01
43) 마이크로바이옴이 몰고 올 혁명, 삼정 KPMG, 2020.01
44) [Mint] 미끌거려 오염물질 안묻는 미역에서 아이디어 "자체 세정 기술 상용화", 조선일보,
45) 마이크로바이옴이 몰고 올 혁명, 삼정 KPMG, 2020.01
46) 랑콤이 15년간 연구했다는 '마이크로바이옴', 의학계+뷰티 업계가 주목하는 키워드, 마켓뉴스,
    2019.08.14
47) 마이크로바이옴이 몰고 올 혁명, 삼정 KPMG, 2020.01
48) '마이크로바이옴'에 관심 보이는 제약사들…'잠재력' 살펴보니, 메디파나뉴스, 2019.03.23
49) 마이크로바이옴이 몰고 올 혁명, 삼정 KPMG, 2020.01
50) 글로벌 제약사 '마이크로바이옴' 치료제 개발 임박…국내 현황은?, 이코노믹리뷰, 2018.11.19
51) 지놈앤컴퍼니, 독일머크•화이자와 마이크로바이옴 면역항암제 'GEN-001' 두번째 공동개발. 프리미
    어비즈니스포털, 2021.03.09
52) 마이크로바이옴이 몰고 올 혁명, 삼정 KPMG, 2020.01
53) CJ제일제당, NH투자증권, 2021.01.04
54) 마이크로바이옴이 몰고 올 혁명, 삼정 KPMG, 2020.01
55) CJ제일제당 '마이크로바이옴' 탑재…5조 건기식 시장 포문, 서울경제, 2020.12.02.
56) '마이크로바이옴 의약품'… 제약사 미래 먹거리로 '요리 중' / 메디소비자뉴스
57) CJ제일제당, NH투자증권, 2021.01.04
58) 잡코리아
59) "100조 시장 잡아라"…뷰티업게 '菌의 전쟁', 이윤재, 매일경제, 2019.12.02.
60) "유산균, 이젠 피부에도 바르세요", 이영욱, 매일경제, 2021.02.01
61) 코스맥스, NH투자증권, 2020.05.28ㅋ
62) 코스맥스, 세계 최초 항노화 마이크로바이옴(Microbiome) 화장품 개발, 코스맥스, 2019.04.08
63) 코스맥스, '2세대 피부 마이크로바이옴' 발견…세계 최초 이어간다 / 팜뉴스
64) 코스맥스, 마이크로바이옴-피부 노화 상관성 첫 규명, 허강우, 코스모닝, 2021.02.23
65) 캐치
66) 동아제약, 마이크로바이옴 기술로 시장 개척 나선다, 양영구, 메디컬옵저버, 2019.08.19
67) 동아제약 파티온, 리뉴얼 '하이-시카 바이옴 카밍 컨디션 패드' 출시 / 메디소비자뉴스
68) 캐치
69) 유한양행, 마이크로바이옴 연구기업 '지아이이노베이션'과 MOU 체결, 뉴스핌, 2019.08.26.
70) "유한양행, 마이크로바이옴·렉라자로 성장 기대", 한국경제, 2021.02.25
71) 유한양행이 선택한 메디오젠, 가치 증명할까?, 이데일리, 2021.02.26
72) 유한양행 투자사 에이투젠, 마이크로바이옴 치료제 호주 임상1상 개시 / 이데일리
73) 캐치
74) 녹십자, NH투자증권, 2020.10.14
75) 천랩, GC녹십자와 '마이크로바이옴 신약 개발' 가속도, 바이오스펙테이터, 2019.07.05
76) 대변 검사로 질병 위험 예측한다…헬스케어 산업 꿈틀, 뉴시스, 2021.01.14
77) 종근당바이오, 한국투자증권, 2019.10.18
78) 마이크로바이옴 약 개발 위한 종근당의 야심, 히트뉴스, 2019.09.21
79) 종근당바이오, 세브란스에 마이크로바이옴 공동연구센터 열어 / 연합뉴스
80) 고바이오랩, SK중소성장기업분석팀, 2021.01.04
81) [BioS]고바이오랩, '마이크로바이옴' UC "국내 2상 IND 제출" / 이투데이
82) 천랩, 한국IR협의회, 2020.04.09.
83) 지놈앤컴퍼니, 키움증권, 2021.01.26
84) "FIPCO 꿈꾸는 지놈앤컴퍼니, 마이크로바이옴·항체 신약개발 도전" / 히트뉴스
85) 쎌바이오텍, 한국IR협의회, 2020.12.03.
86) 제노포커스, 한국 IR협의회, 2021.03.04
87) 비피도, 한국 IR협의회, 2020.06.18
88) 세계최초 마이크로바이옴신약 임상3상 성공...마이크로바이옴 파이프라인 주목↑ / 파이낸셜 뉴스
89) 마이크로바이옴이 몰고 올 혁명, 삼정 KPMG, 2020.01
90) 식의약 R&D 이슈 보고서 / nifds 2022.07
91) https://inspection.canada.ca/food-safety-for-industry/food-chemistry-and-microbiology
92) 日,제5차산업혁명'추진…주목받는바이오산업",Kotra,
93) "오사카·고베·교토에'재생의료클러스터'…산-학-병-연손잡고기초연구에임상까지",한국경제,https://ww

w.hankyung.com/it/article/201710168289, 2017.10
94) 마이크로바이옴이 몰고 올 혁명, 삼정 KPMG, 2020.01

초판 1쇄 인쇄 2021년 4월 10일
초판 1쇄 발행 2021년 4월 26일
개정판 발행 2023년 3월 27일

저자 비피기술거래   비피제이기술거래
펴낸곳 비티타임즈
발행자번호 959406
주소 전북 전주시 서신동 780-2   3층
대표전화 063 277 3557
팩스 063 277 3558
이메일 bpj3558@naver.com
ISBN   979-11-6345-434-2(93470)

이 도서의 국립중앙도서관 출판예정도서목록(CIP)은 서지정보유통지원시스템홈페이지
(http://seoji.nl.go.kr)와국가자료공동목록시스템 (http://www.nl.go.kr/kolisnet)에서 이용하
실 수 있습니다.